U0216957

华夏潮流

顾小思 杜田 · 编著

图解汉服穿搭

電子工業出版社
Publishing House of Electronics Industry
北京 · BEIJING

图书在版编目（CIP）数据

华夏潮流 : 图解汉服穿搭 / 顾小思, 杜田编著.
北京 : 电子工业出版社, 2024. 8. -- ISBN 978-7-121
-48463-6

Ⅰ. TS941.742.811-64

中国国家版本馆CIP数据核字第2024JR0885号

责任编辑：田振宇
印　　刷：北京富诚彩色印刷有限公司
装　　订：北京富诚彩色印刷有限公司
出版发行：电子工业出版社
北京市海淀区万寿路173信箱　邮编：100036
开　　本：787×1092　1/16　印张：12　　字数：307.2千字
版　　次：2024 年 8 月第 1 版
印　　次：2024 年 8 月第 1 次印刷
定　　价：89.00 元

凡所购买电子工业出版社图书有缺损问题，请向购买书店调换。若书店售缺，请与本社发行部联系，联系及邮购电话：（010）88254888，88258888。

质量投诉请发邮件至zlts@phei.com.cn，盗版侵权举报请发邮件至dbqq@phei.com.cn。

本书咨询联系方式：（010）88254161~88254167转1897。

『知来处，明去处。』

HANFU CLOTHING
MAKE-UP DRESS

PREFACE

前言

当收到编辑给我的这个选题后，我就在想什么是汉服潮流，或许就是“知来处，明去处”吧。

我想大多数人和我一样，接触汉服的时候只是大家穿什么我就穿什么，会搭配，但不了解什么是汉服，汉服的历史是什么，每个朝代的服饰都有哪些不同。或许有人会说，“一件衣服而已，我需要了解这么多吗？好看就行了呀！”这话也对也不对。我觉得汉服最终会真正融入日常生活，如果只通过一本书你就能更了解它，为什么不写一本呢？

翻看相册才发觉，第一次知道汉服是在 2010 年，那时我还在海外留学，在新加坡机场转机回国的时候刷微博，看到了以前很喜欢的一个小说作者发了自己穿汉服的照片。当时汉服的穿搭研究还没有形成完整的理论体系，整体审美也很古早，但这却让我第一次意识到了汉服的存在。于是，回到国内，我兴冲冲地网购了一件曲裾，想要带到澳大利亚去穿。那会儿我知道澳大利亚是有汉服社团的，不过那一年我忙于学习和实习，时间难以平衡，直到回国，那件曲裾也没拿出来穿过。之后几年，我又前往美国学习，一直到 2016 年正式回国的时候，我对汉服的认知依旧是一知半解。

但其实在那几年，“汉服热”在国内日渐兴起。有一天，我的古琴老师邀请我帮她走一场汉服秀并发来了一些服饰照片。当时我只觉惊为天人，那些汉服太好看了，比起我买的第一件，审美已经不知强了多少倍。那一场活动，我结识了一些汉服爱好者，她们穿着的花罗、绛丝汉服也引起了我的兴趣。正是那个时候，我认识了最早和我一起合作的摄影师，于是开始在微博上发一些我的汉服写真。

就这样，我与汉服建立起了奇妙的缘分。之后的几年里，但凡有旅行，我都会在箱子里带上几套汉服，于是有了《汉服旅者》这本散文集。我穿着汉服去了 30 多个国家，其实也并不是刻意为之，更多时候是把汉服当成表现美的一种方式。这两年汉服的审美越发严谨，穿着方式却越发包容了。2017年大家穿的汉服，就现在来看，更像是“仙服”——形制大多是唐制的齐胸裙搭配仙气飘飘的大袖衫，走起路会带风。大多时候会有路人驻足，问上一句：“这是小龙女吗？是在拍戏吗？”

而如今，汉服审美也发生了变化。我和杜田合著的《华夏衣橱　图解中国传统服饰》一书依据出土实物整理了汉服形制，可作为更清晰的脉络，让我们“知来处，明去处”。了解了汉服的历史和形制，那么搭配的时候就会更为从容。将汉服融入日常生活也不仅仅是穿着“仙服”拍几张照片了，而是将它真正地作为可在日常穿着的服饰。这些年我们努力宣传汉服得到过积极的反馈，但它真正“活过来”的时候，也许就是人们不再那么容易能认出它，已经完全熟悉它，甚至觉得这只是一件好看的衣服，但却能为这件好看的衣服而自豪的时候。

特别感谢

感谢我的姐妹杜田（@DT—杜田）包揽了这本书的绘画

感谢本书棚拍摄影 / 搭配：杨懿（子苒）

感谢本书部分外拍摄影：塔米、陈先生、徐俊杰

男装汉服模特：陈灵钧

男装日常模特：宗原

顾小思

CONTENTS

目录

第 5 章

不同场合 / 季节 / 节日的穿搭建议 / 79

第 6 章

浅谈国风摄影 / 127

第 7 章

拍摄地点推荐 / 163

第 8 章

男士汉服穿搭建议 / 173

第 1 章

认识服饰的基础款式

汉

汉朝（公元前 206—公元 220 年）是秦朝以后的大一统王朝，分为西汉和东汉。

汉朝的男子服装样式大致分为曲裾、直裾两种，也就是先秦时期就开始流行的深衣，汉朝仍然沿用，但多见于西汉早期。东汉年间，已经很少见穿曲裾的男子了，更多人会穿直裾，但直裾并不能作为正式礼服穿着。

曲裾

直裾

汉朝的直裾、曲裾男女均可穿着，并且没有很大的区别。当时的裤子没有裤裆，无裆的裤子穿在里面。如果不用外衣掩住，那么裤子就会外露，所以外面要穿曲裾深衣来遮挡。后来随着服饰的发展，出现有裆的裤子，既不实用、穿着又复杂的曲裾绕襟深衣，也就慢慢被淘汰了。东汉以后，直裾逐渐普及并替代了曲裾。

（根据先秦时期马山楚墓和汉代定陶汉墓出土文物并参考同时期壁画推测绘制）

魏晋南北朝

魏晋南北朝（220—589 年），又称三国两晋南北朝，是中国历史上政权更迭最频繁的时期，主要分为三国（魏、蜀、吴）、西晋、东晋和南北朝时期。长期的封建割据和连绵不断的战争，导致这一时期中国文化的发展受到特别大的影响。玄学的兴起、佛教的输入、道教的勃兴及异域文化的融入，都使这个时期的文化和风尚杂糅，审美独特。

魏晋南北朝时期服装延续了汉朝的旧制。魏晋的名士们大多光身穿着宽大外衣，或者在外衣里面穿一件类似吊带衫的奇特内衣，并不穿中衣。杂裾是魏晋女服中的礼服。魏晋时期衣冠秉承东汉时期追求繁华、奢丽的风格，人们将袿衣（深衣的一种变体）两侧的尖角加长，足履旁边加垂饰飘带。服装看起来异常飘逸，这便是当时辞赋中的“华袿飞髾（shāo）”的由来。

褶衣
直领襦
直领襦
袴
间色裙
半袖
间色缘裙

1.3

唐

唐朝（618—907 年）是中国历史上继隋朝之后的大一统中原王朝，传 21 帝，共历时 289 年。

唐朝女子服装分衣裙、冠帽、鞋履几类。唐朝女子常服大多上身是衫、襦，下身为束裙，肩加披帛。衫为单衣，襦有夹有絮，仅短至腰部，裙子长而多幅。

唐初女子衣衫多为小袖窄衣，外加背子，肩绕披帛，紧身长裙上束至胸，风格简约；盛唐时，衣裙渐宽，裙腰下移，色彩艳丽；中晚唐时，衣裙日趋宽肥，女子往往褒衣博带，宽袍大袖，色彩靡丽。

◎初唐女子服饰

初唐女子服饰延续了隋朝日常服饰的特点，整体较为修身，女子上身穿着衫子，下身穿一条长裙子。短衫长裙是这个时期最基本的形式，裙腰系得比较高，一般都在腰部以上，给人一种俏丽修长的感觉。

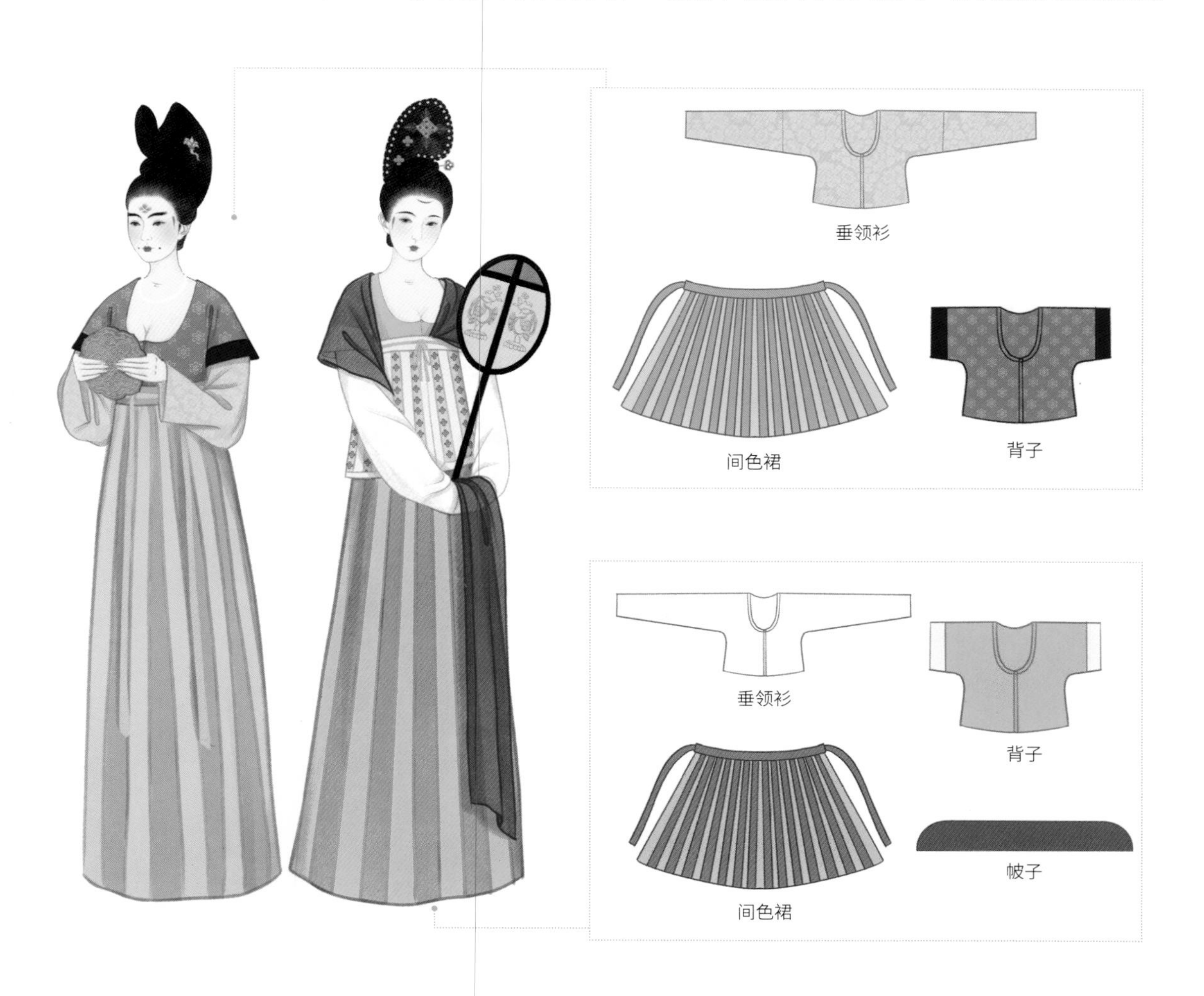

◎盛唐女子服饰

盛唐时期的女子服饰，最典型的就是张萱《捣练图》中大唐女子的造型。这幅画描绘了一群妇女正在捣练、理线、熨烫及缝衣时的情景。盛唐时期成年妇女大多穿短衫，直袖袖型，越到后期，袖子越是宽大，一般搭配帔子。开元天宝年间，唐朝开始以胖为美，人愈加丰腴，裙子也跟着变得更宽大，色彩也日趋艳丽。

直领对襟衫

帔子

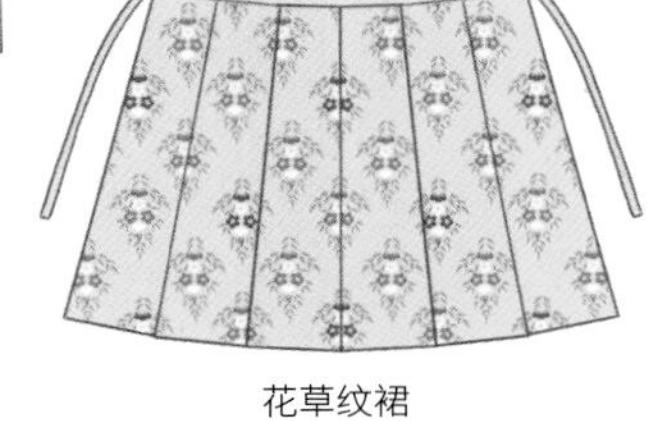

花草纹裙

◎中晚唐女子服饰

盛唐时期，以胖为美，晚唐女子就更丰腴了。宽袖对襟衫、长裙、大袖衫、帔子是典型的晚唐服饰。敦煌莫高窟壁画中有不少中晚唐时期的贵族女子服饰，一般在朝参、礼见以及出嫁等重要的场合穿着。因为穿着这种礼服时，发上还簪有金翠花钿，所以又称为“钿钗礼衣”。

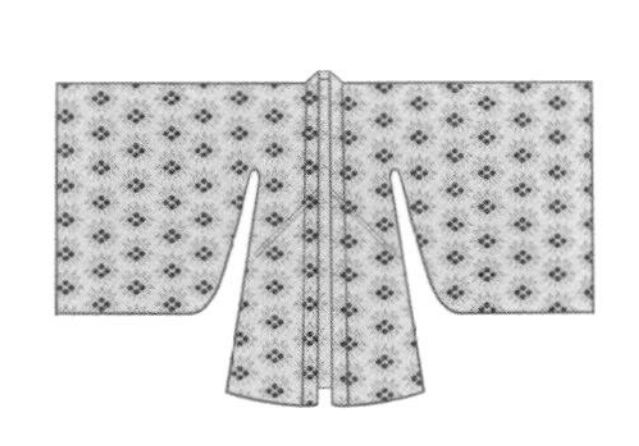

大袖衫

直领对襟衫

帔子

花草纹裙

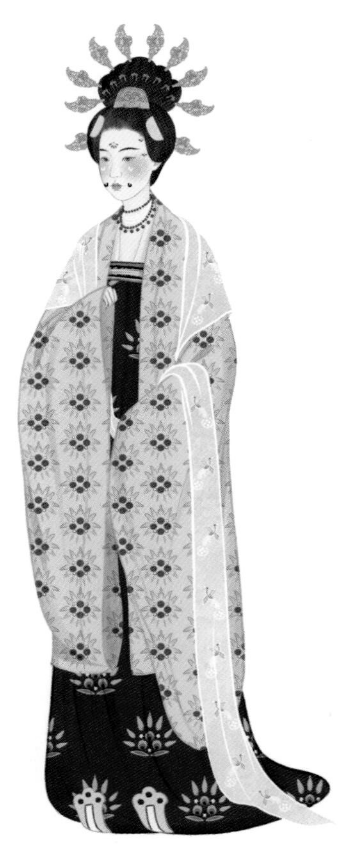

晚唐供养人像

大袖衫

帔子

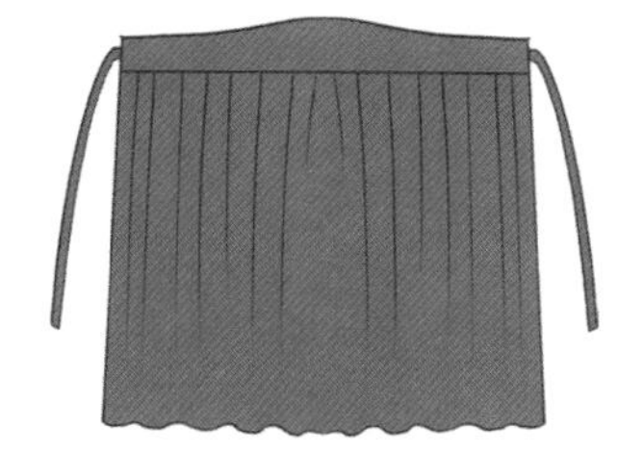
红罗裙
（根据古画推测绘制）

五代时期女子造型

唐朝妇女喜欢戎装和男服。“军装宫娥扫眉浅”，描绘了宫中女子穿着戎装的情景。盛唐时，士人们的妻子不约而同地穿戴起丈夫的衣衫、帽子和靴子，侍女们也纷纷仿效女主人穿起男式圆领袍，头裹幞头，足蹬乌皮靴。据说在《虢国夫人游春图》中，虢国夫人穿的就是男装。

圆领袍

◎唐朝男子服饰

比起唐朝女子服饰的百花齐放，唐朝男子的服饰就单调很多。唐朝男子多穿衫、裤、半臂等，其中半臂是比较具有唐朝特色的男子服饰。受胡风影响，唐朝男子的衣服一般是窄袖，方便行走，半臂还会经常搭配缺胯衫一起穿着，腰间系革带，着乌皮靴。

圆领袍

宋

宋朝（960—1279年）是中国历史上承五代十国、下启元朝的朝代，分北宋和南宋两个阶段，传18帝，共历时319年。

◎宋朝男子公服

宋朝公服又名“从省服”，以服饰的颜色区别等级：九品以上用青色，七品以上用绿色，五品以上用朱色，三品以上用紫色。到宋元丰年间，用色有所更改：九品以上用绿色，六品以上用绯色，四品以上用紫色。按当时的规定，穿紫色和绯色衣服的人，都要佩挂金银装饰的鱼袋，用来区分职位的高低。

圆领袍

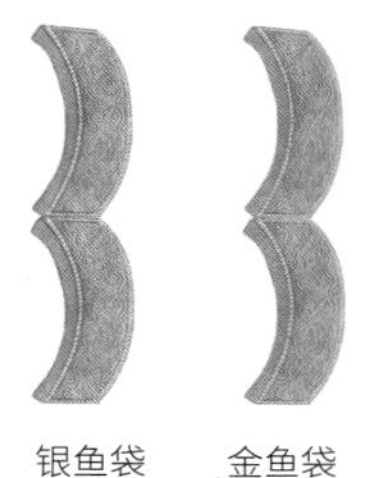

银鱼袋　　金鱼袋

◎宋朝男子燕居服

宋朝男子除在朝的公服，平日里穿着的服饰叫作常服，也叫“燕居服”（即居室中的衣物）。宋朝官员的燕居服与平民百姓的燕居服在形式上没有太大区别，只是在用色上有较为明显的规定和限制。从隋朝开始，只有帝王才可以使用明黄色布料做衣服，官臣不得乱用。据文献记载，朝廷内赐佩金银鱼袋的公服以紫、绯色布料制作，一般低级官吏不得乱用，只可着黑白两种颜色。宋时常服为袍，有宽袖广身和窄袖窄身两种类型。有官职者着锦袍，无官职者着白布袍。

直领大襟长衫

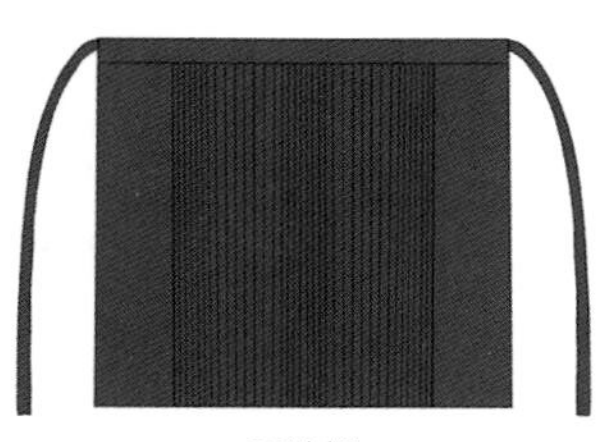

百迭裙

南宋时期，男子也会穿着褙子和百迭裙，只是在褙子里面搭配穿着的是长衫。北宋文学家苏东坡发明了一款类似于帽子的头巾，叫作“东坡巾”，在南宋也颇为流行。

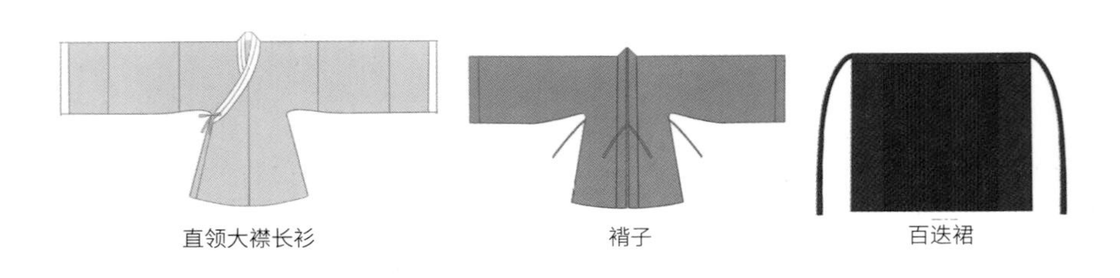

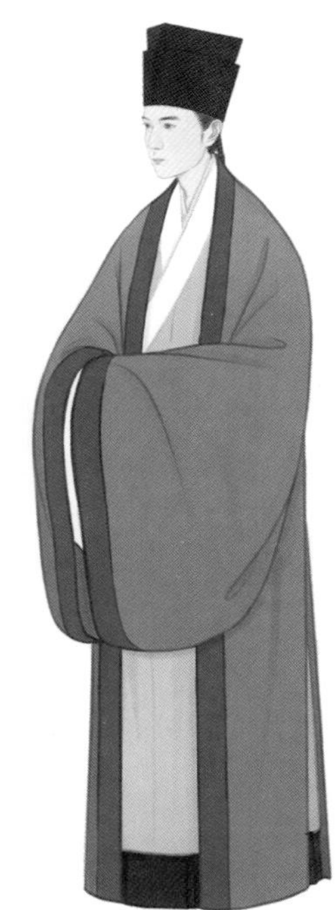

◎北宋女子服饰

北宋初期，上层女子服饰并没有趋于朴实无华，反而更加华丽，整个服饰更加宽博。而民间女子因为要劳作，所以服饰会相对地紧身。

宋朝的女子上身穿窄袖短衣，下身穿长裙，通常还会在上衣外面再穿一件对襟的长衫。

北宋长干寺出土的汉服尺寸也很宽大，在宽松的褙子里搭配窄袖的直襟窄袖短衫，再加以抹胸和两片裙，整体显得颇为素雅。

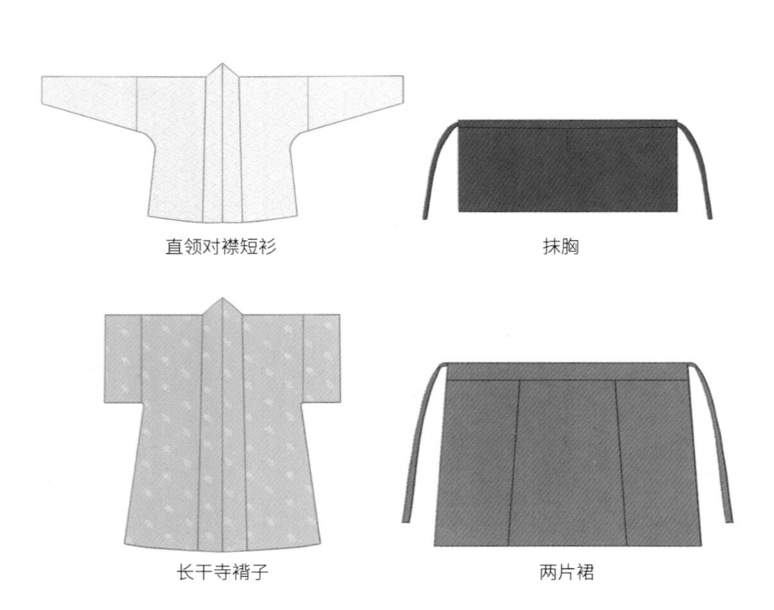

在宋朝的传世绘画中，很多女子服饰是上衫下裙。轻软的罗衫在当时很受欢迎，可以很好地显示出女子身材，既美又温柔。这个时期裙子遮挡衣衫或者衣衫遮挡裙子、露出抹胸的穿法都是可以的。飞机袖这一款式便于劳作，在民间也很受欢迎。

北宋女子造型　南宋女子造型

从刘宗古的《瑶台步月图》中可以看到衣冠华丽的妇人，她们穿的是长褙子。在南宋的《歌乐图》中，也有长褙子搭配抹胸和百迭裙的搭配。与之相对的是短褙子，因为衣长较短，易于穿着，一般多见于身份地位较低的民间女性。

在宋朝，后宫地位较高的女官延续了唐朝的遗风，穿着圆领袍，但是头上会佩戴百花冠，用珍珠点缀妆容，可以看出与普通女性装束的阶级差别。

圆领袍

1.5

明

明朝（1368—1644 年）是中国历史上最后一个由汉族建立的大一统中原王朝，传 16 帝，共历时 276 年。

明太祖朱元璋根据汉族的传统，“上承周汉，下取唐宋”，重新制定了服饰制度。

明朝中后期更出现了前代未见的形制款式，如竖领以及在衣服的显眼处大量使用纽扣。这些形制至清朝剃发易服逐渐被禁止，但仍有少数款式流传至今。

明朝的官员大多穿青布直身的宽大长衣，头上戴四方平定巾，一般平民穿短衣，裹头巾。

明朝圆领大袖衫为儒士所穿的服饰，与其他官吏的服饰一样，都有详细的制度，如“生员襕衫，用玉色布绢为之，宽袖皂缘，皂绦软巾垂带。凡举人监者，不变所服”。明朝士人平时还喜欢穿着道袍、直身或直裰等交领袍服。

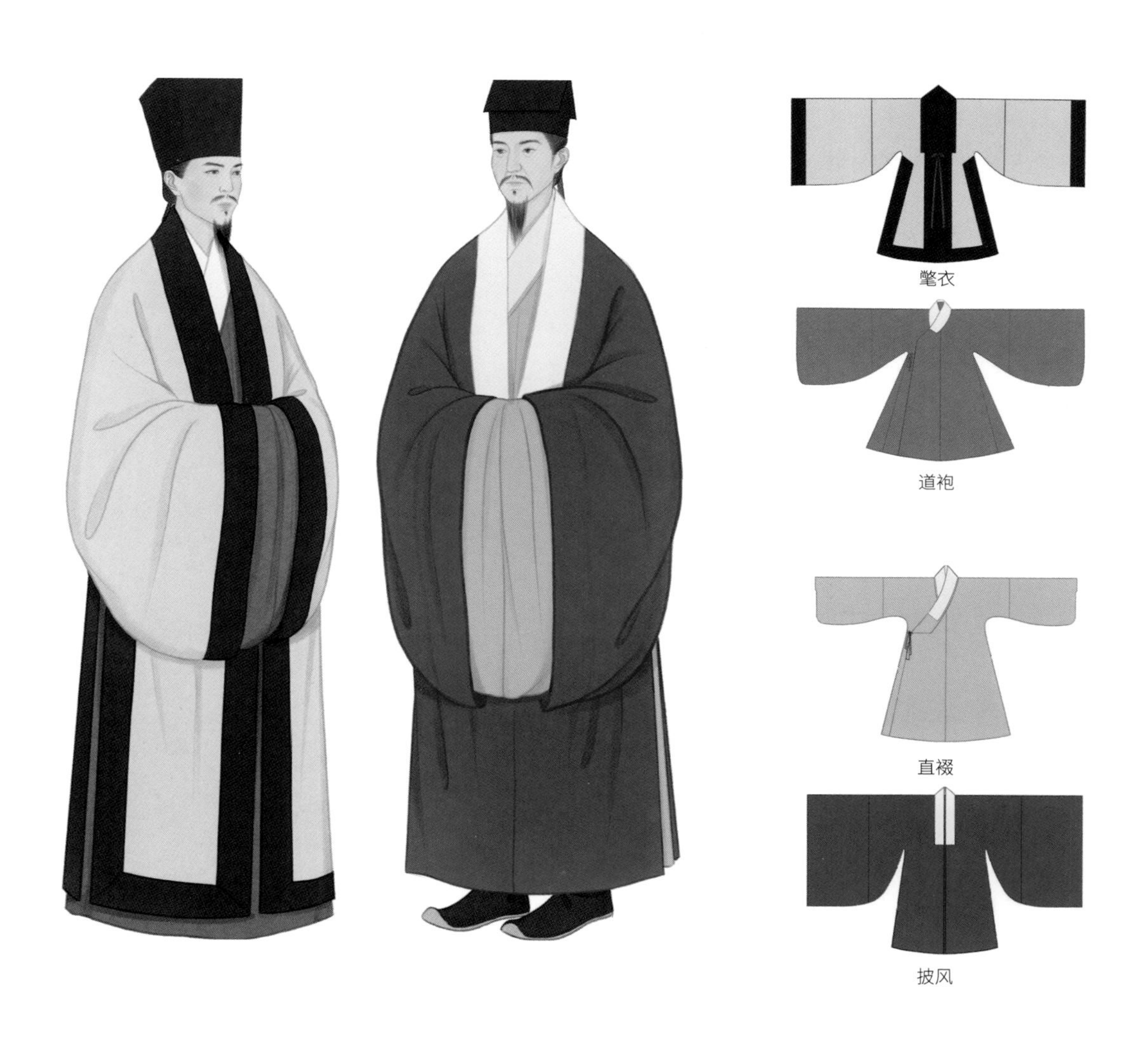

明朝女子流行上袄下裙的款式，袄裙是明朝对于女性上衣下裙装束的统称。现在的袄裙一般为交领短衫搭配马面裙。与唐宋时期的裙衫制式不同，明朝女子上袄的领式很多，有交领、方领和竖领。裙子的颜色，初尚浅淡，虽有纹饰，但并不明显。崇祯初年，马面裙基本是素色的，即使有织锦纹样，也只在裙的底边有一条花边作为压脚。到了明朝末年，裙幅变大，马面的图案也变得更为繁复，工艺也越发多了起来，用到了刺绣、织金、妆花等工艺。

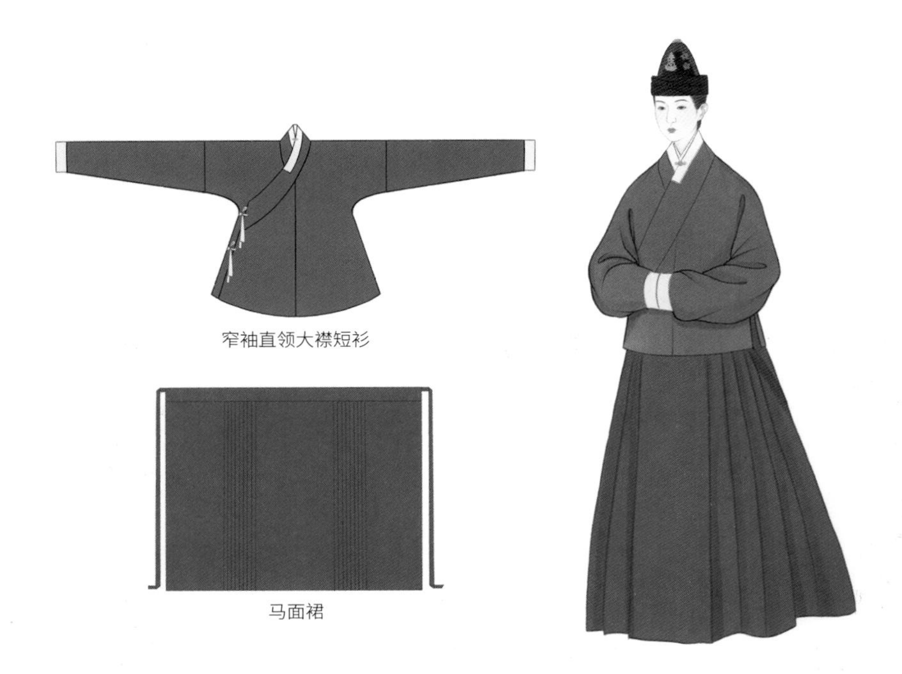

比甲，由元代的对襟马甲演化而来，是明朝早期皇后专用的服饰之一。后来后宫嫔妃、仕女争相效仿，传入民间，扩大了使用范围，款式也有所增加。比甲盛行于明朝中期，主要受青年妇女的偏爱，有圆领比甲和方领比甲，长度也各有不同。

明朝的竖领服饰，最早出现于明朝中期。到了明朝后期，中原和江南已经广泛流行竖领服饰。当时明朝正经历千年不遇的小冰河时期，气候异常寒冷，竖领也就应运而生了。明朝竖领服饰的领子是竖着的，领口点缀两颗扣子，衣服是右衽或者对襟，袖子宽大，用系带打结固定，衣身两侧开衩。寒冷的时候还可以搭配比甲、披风，穿在长衫或者长袄上。清军入关以后，在“男从女不从”的政策下，汉族妇女得以沿用明式竖领袄和褙子等汉族女装，也就使得清代汉女的装束在民间广为流行。

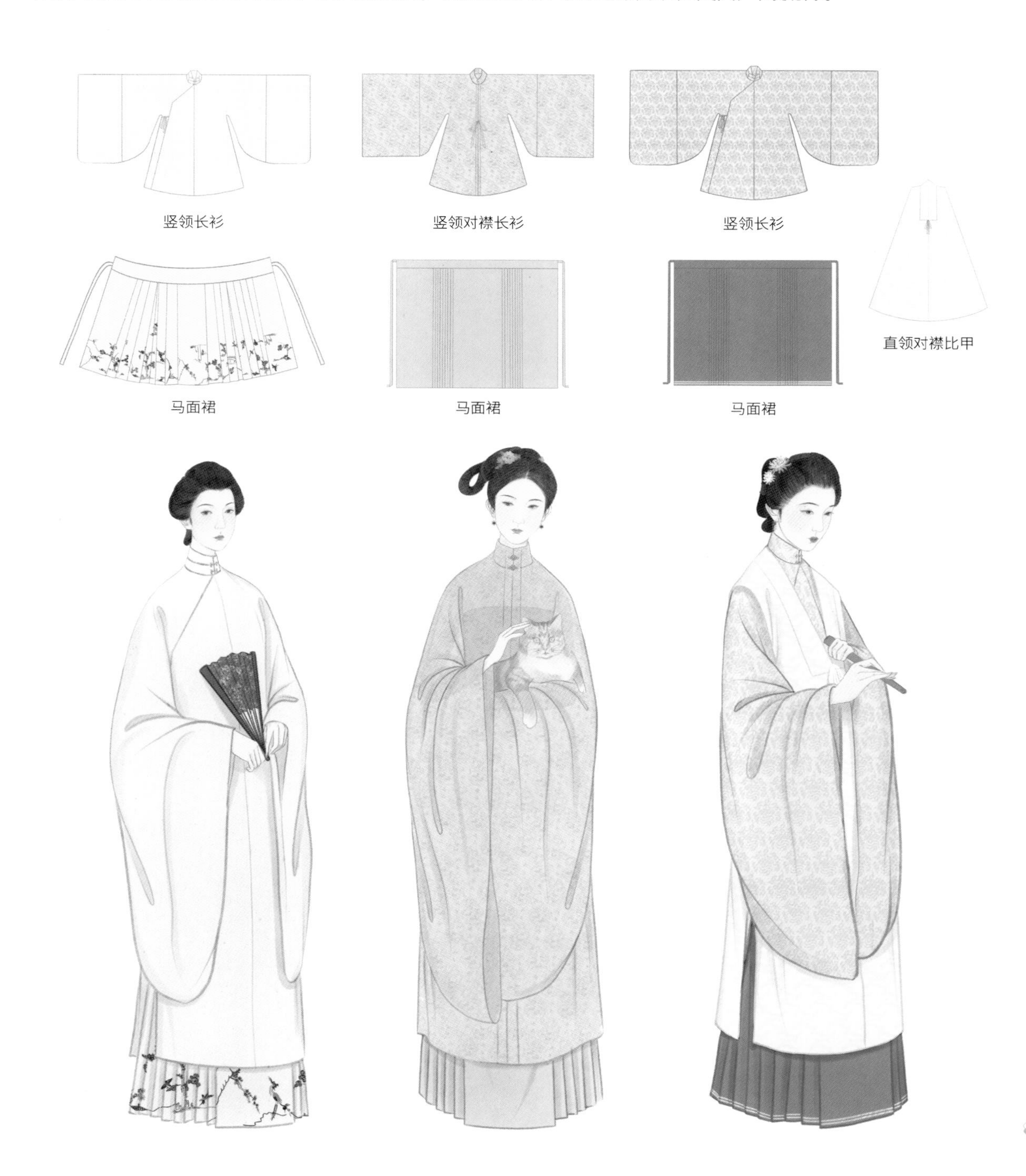

明朝的披风是明朝男女皆可穿着的对襟式外套，款式是从宋元时期的礼服式的褙子发展而来的。披风的形制为对襟，直领，领围长约一尺，大袖敞口，衣身两侧开衩，前后分开不相连属。衣襟缀有系带一对，用系结固定，还会使用花形宝石子母扣、玉石扣来固定。

竖领长衫

披风

马面裙

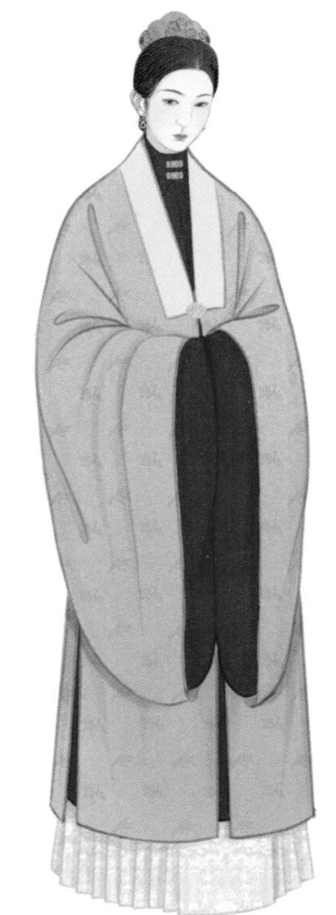

◎命妇服饰

命妇泛指有封号的妇女，享有各种仪节上的待遇。明朝命妇穿着霞帔时，用色和图案纹饰上都有严格规定。一般大红底色的大袖衫上要用深青色绣花霞帔，品级的差别主要体现在纹饰上。

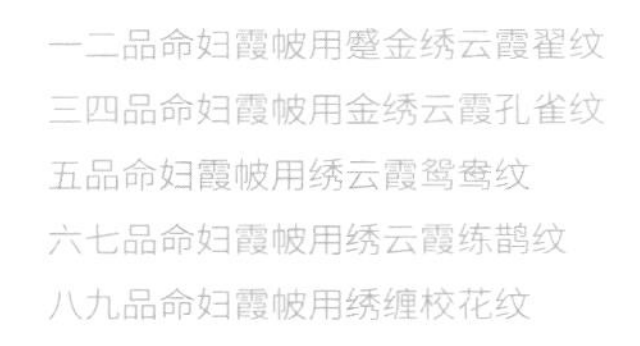

霞帔

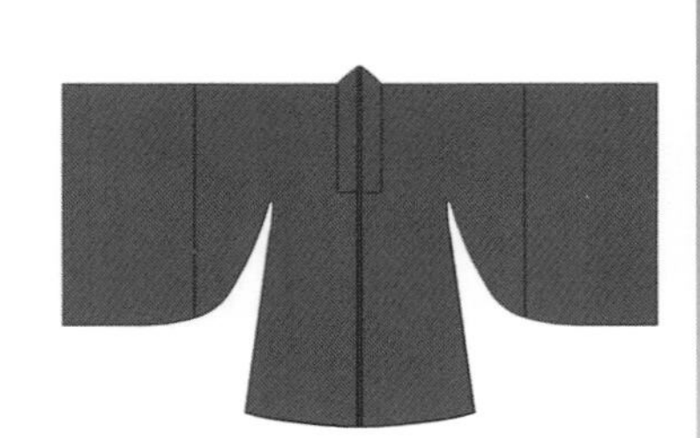

大袖衫

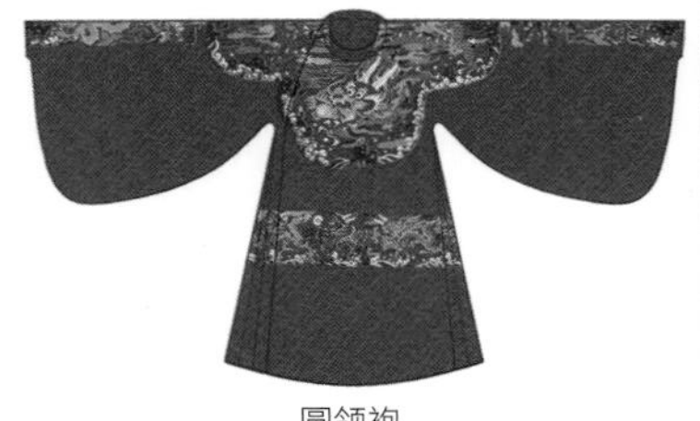

圆领袍

第 2 章

你知道穿戴顺序吗

2.1

男子服饰穿戴顺序

此小节介绍汉朝、晋朝、唐朝、宋朝和明朝男子服饰的穿戴顺序，特别要注意衣领的左右顺序。

汉服穿着多为右衽，根据穿衣人的视角来看，“右衽”即左边的衣襟压在右边的衣襟上，衣襟向右掩，反之，衣襟向左掩即“左衽”。

2.1.1 汉朝穿法

◎汉朝男子曲裾穿法

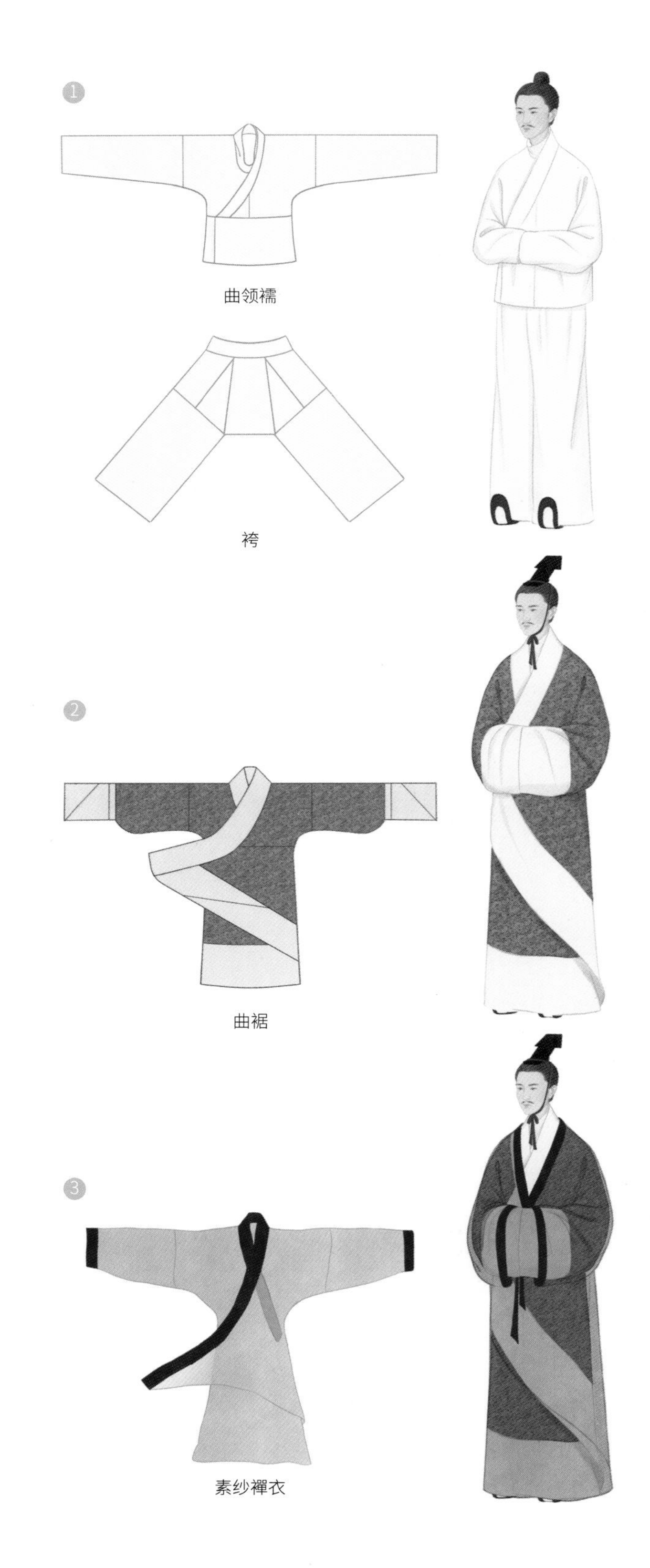

① 先穿第一层曲领襦和袴。

② 再穿第二层曲裾。

③ 参照马王堆出土的西汉曲裾素纱襌衣（结构不明）绘制的曲裾上身图。

◎汉朝男子直裾穿法

① 先穿第一层曲领襦和袴。

② 再穿第二层直裾。

③ 参照马王堆出土的西汉直裾素纱禅衣（结构不明）绘制的直裾上身图。

2.1.2 晋朝穿法

① 先穿第一层曲领襦和袴。

② 再穿第二层褶衣和袴。

③ 最后，在最外层穿裲（liǎng）裆。

2.1.3 唐朝穿法

① 先穿第一层圆领汗衫和袴。

② 再穿第二层半臂。

③ 最后穿第三层圆领袍。

2.1.4 宋朝穿法

① 先穿第一层抱腹和犊鼻裈。

② 再穿第二层交领短衫和袴。

③ 接下来穿第三层交领长衫和百褶裙。长衫可以扎进裙子里，也可以放在外面。

④ 最后穿第四层褙子。

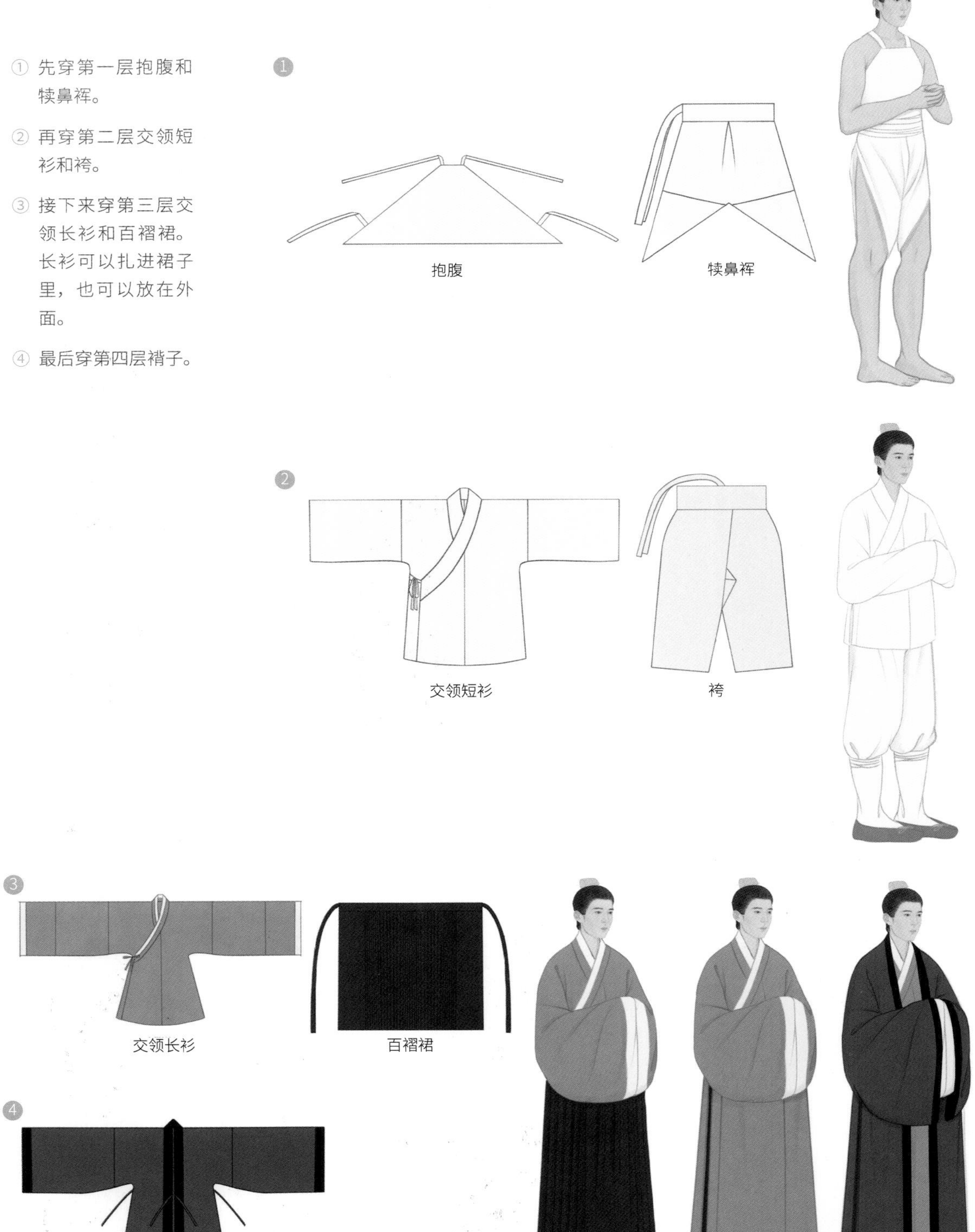

2.1.5 明朝穿法

◎官服搭配

① 先穿第一层汗褂和袴。

② 再穿第二层交领衫和衬裙。

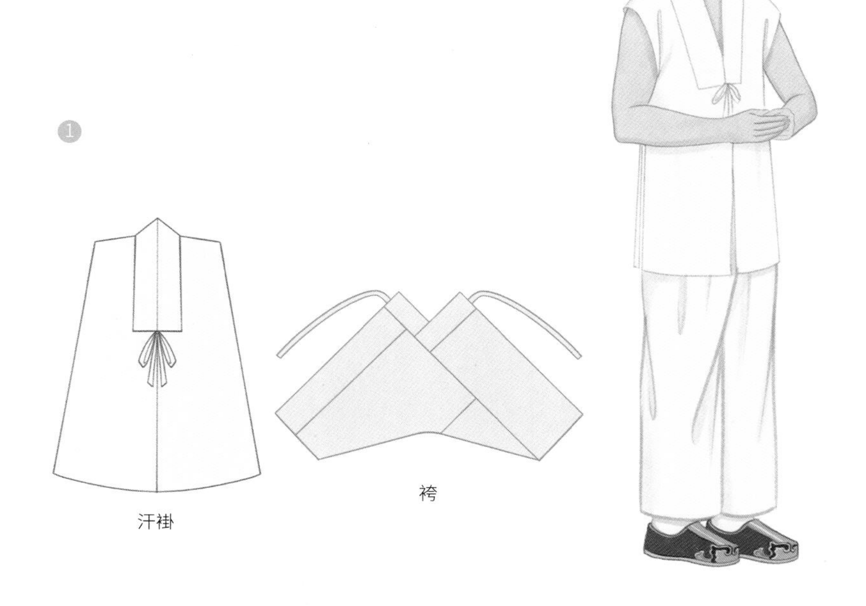

③ 再穿第三层贴里。

④ 接下来穿第四层褡护。

⑤ 最后穿第五层圆领袍。

③

贴里

④

褡护

⑤

圆领袍

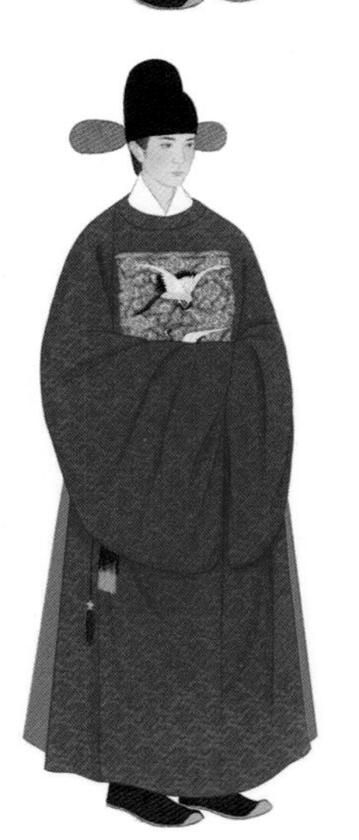

① 先穿第一层汗褂和袴。

② 再穿第二层交领衫和衬裙。

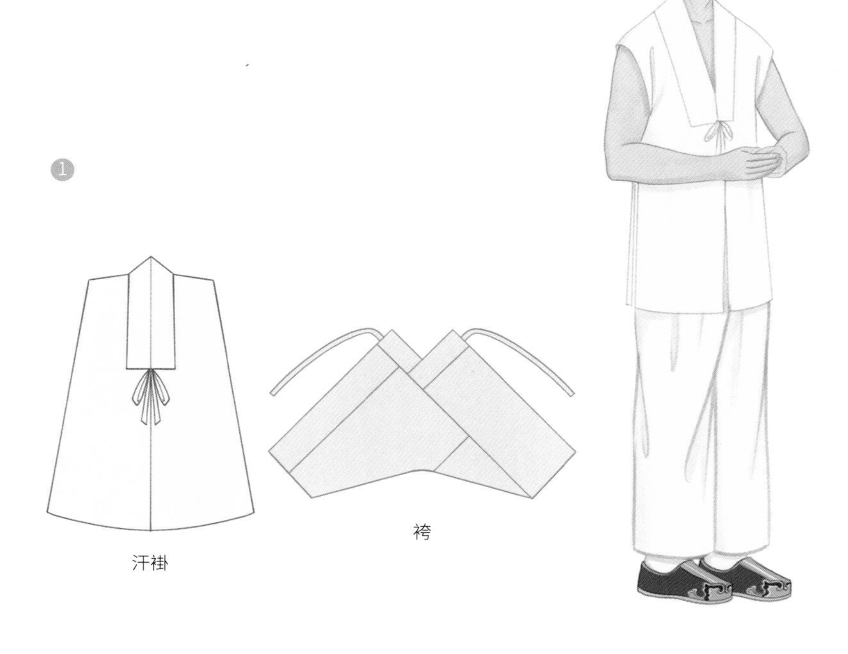

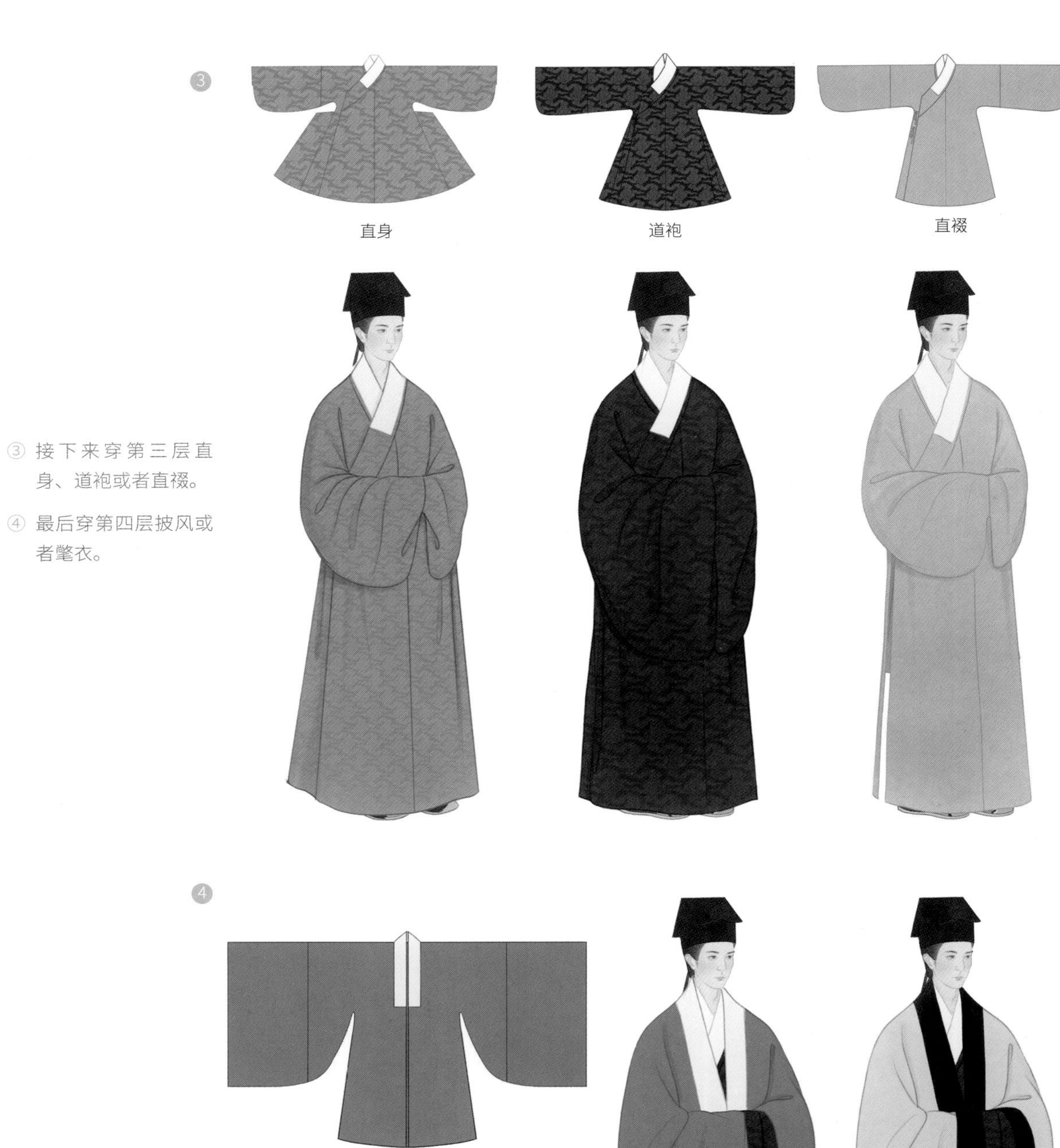

③ 接下来穿第三层直身、道袍或者直裰。

④ 最后穿第四层披风或者氅衣。

④

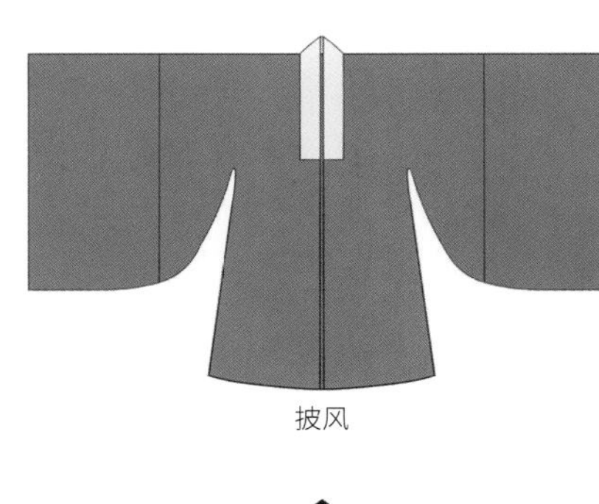

披风

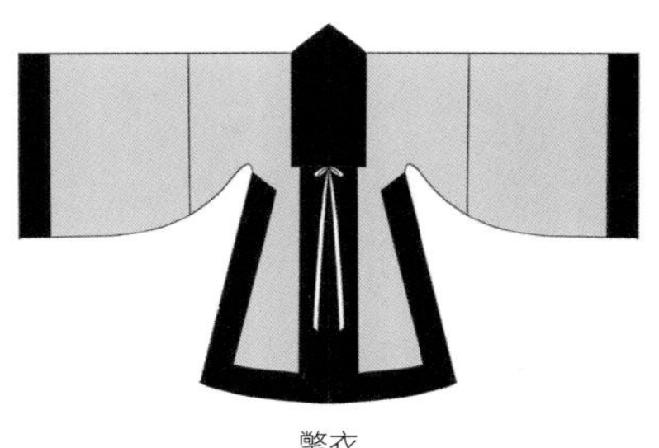

氅衣

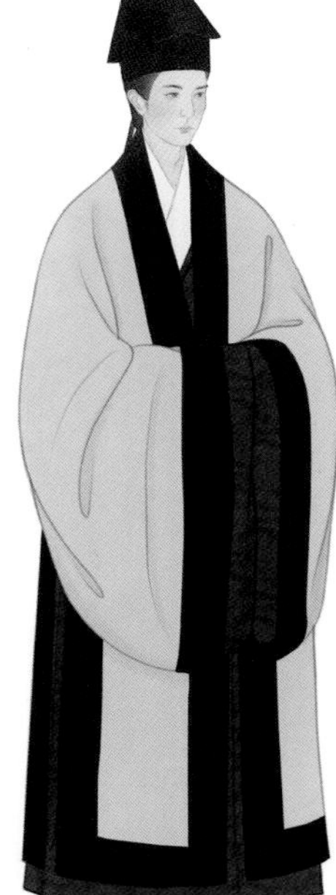

2.2

女子服饰穿戴顺序

2.2.1 汉朝穿法

◎西汉女子曲裾穿法

① 先穿第一层内衣曲领襦和交窬（yú）裙。

② 再穿第二层曲裾。

③ 参照马王堆出土的西汉曲裾素纱襌衣（结构不明）绘制的曲裾上身图。

◎西汉女子直裾穿法

① 先穿第一层内衣曲领襦和交窬裙。

② 再穿第二层直裾。

③ 参照马王堆出土的西汉直裾素纱禅衣（结构不明）绘制的直裾上身图。

◎东汉女子服饰穿法

① 先穿第一层内衣曲领襦和袴。

② 再穿第二层直领襦和间色裙。

③ 最后穿第三层间色缘裙和半袖。

❶

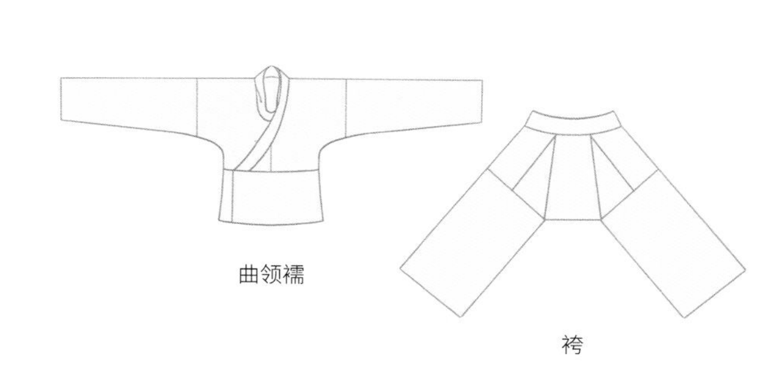

曲领襦

袴

❷

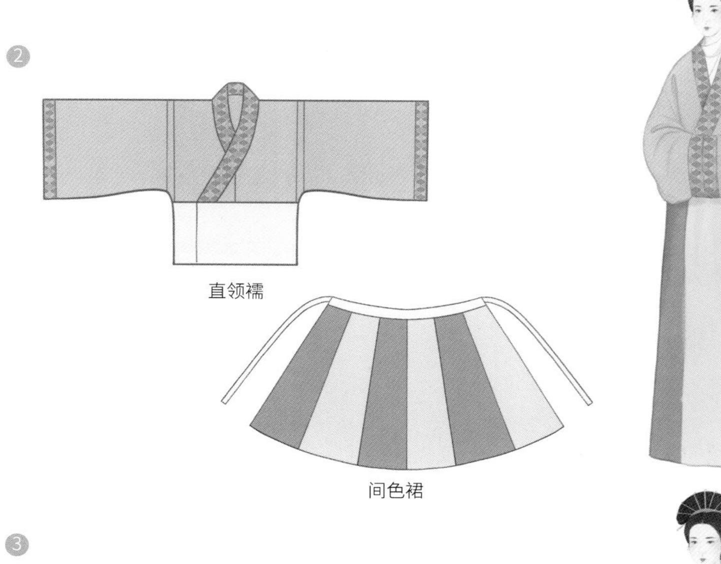

直领襦

间色裙

❸

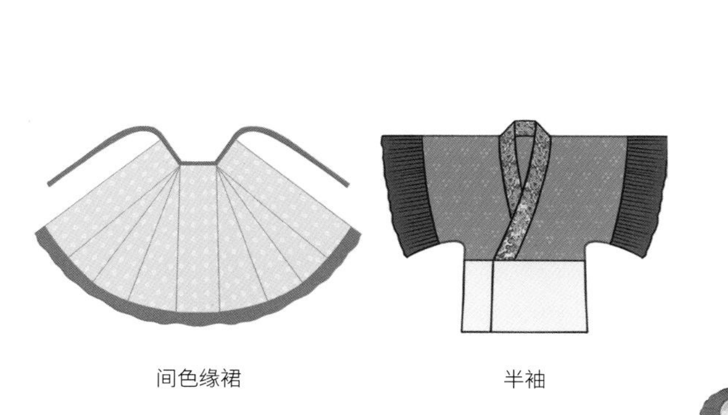

间色缘裙

半袖

2.2.2 晋朝穿法

① 先穿第一层曲领襦和袴。

② 再穿第二层裲裆，裲裆可以内穿也可以外穿，但出土文物仅有残片，结构不明。

③ 最后穿第三层直领襦和间色裙。

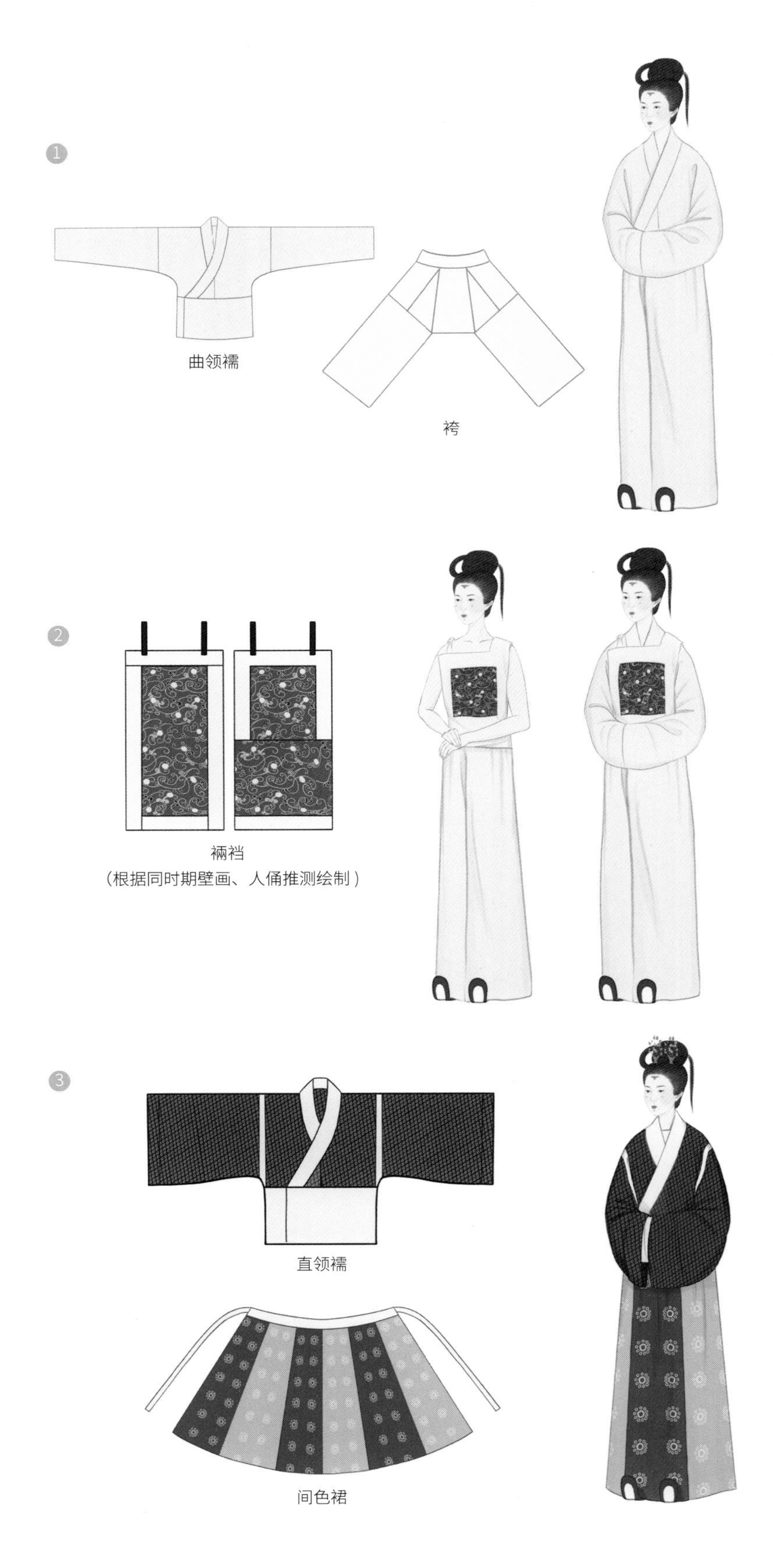

2.2.3 唐朝穿法

◎初唐女子服饰穿法（一）

① 先穿第一层汗褂和袴。

② 再穿第二层垂领衫和间色裙。

❶

❷

◎初唐女子穿着（二）

① 先穿第一层汗褂和袴。

② 再穿第二层垂领衫、交窬裙，系腰带。

③ 再穿第三层背子，不同款式的短背子会得到不同的效果。

④ 最后穿最外层纱裙。

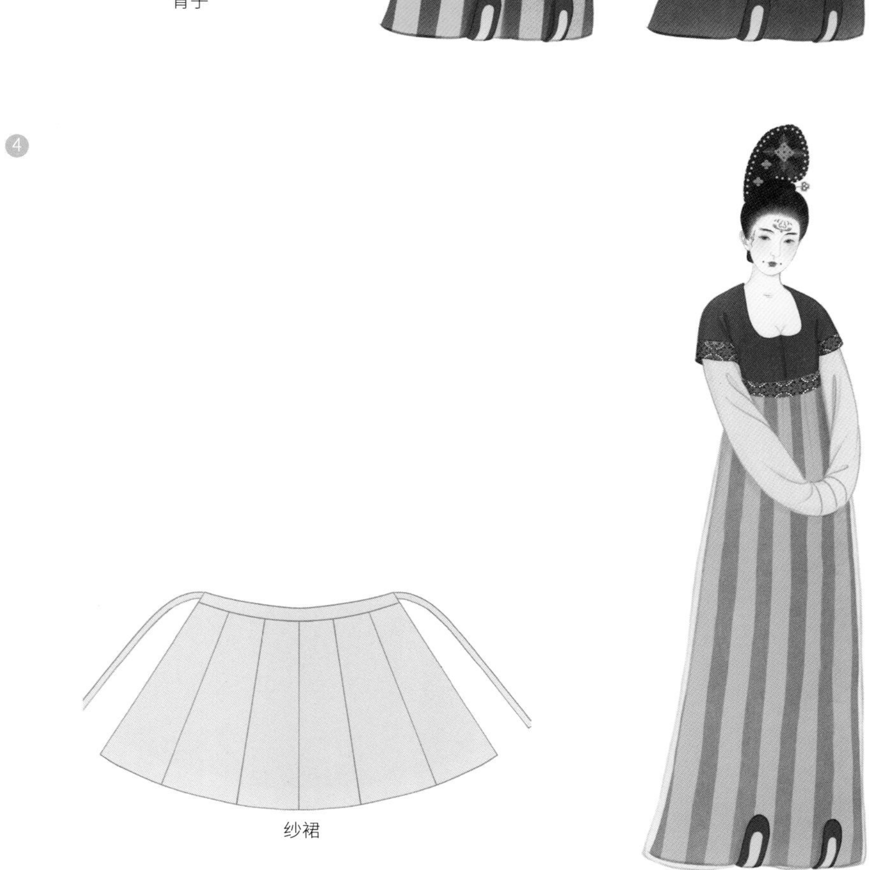

◎盛唐女子服饰穿法

① 先穿第一层抹胸（唐朝无出土实物）和袴。

② 再穿第二层直领对襟衫和交窬裙。

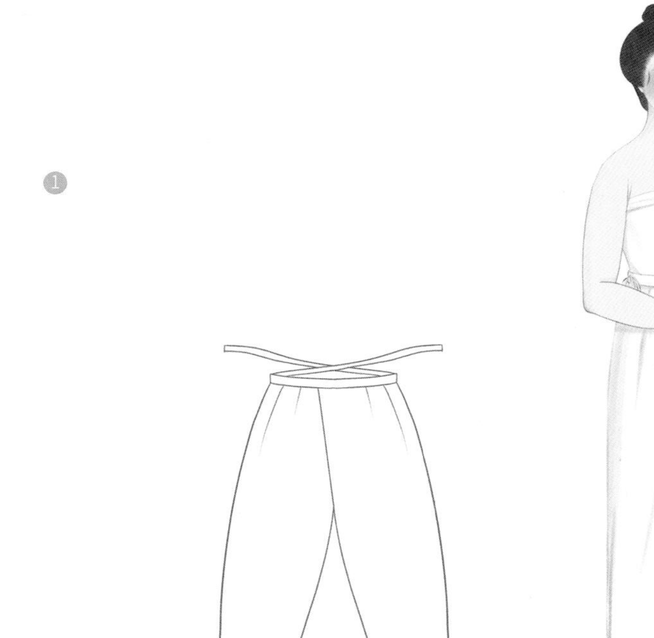

袴

直领对襟衫

交窬裙

③ 搭上帔子。

④ 秋冬的时候还会在外面配上披袄。

参考中国丝绸博物馆唐代宝花纹锦袍绘制

2.2.4 宋朝穿法

◎北宋女子服饰穿法

① 先穿第一层抹胸和裈（也可穿袴或裆）。

② 再穿第二层直领对襟短衫和百迭裙，也可以选择直领对襟长衫。

③ 接下来穿第三层直领对襟长干寺背心。一般宴饮场合这样的装扮就够了。

④ 如果需要去更隆重的场合，则需要穿大袖衫。最终可以根据活动的场合，决定最外层用更正式的霞帔还是横帔。

③

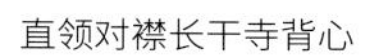

直领对襟长干寺背心

④

大袖衫

搭配横帔的上身图

搭配霞帔的上身图

◎南宋女子服饰穿法一

① 先穿第一层抹胸和裈（也可穿袴或裆）。

② 再穿第二层直领对襟短衫和两片裙。

抹胸

裈　　袴　　裆

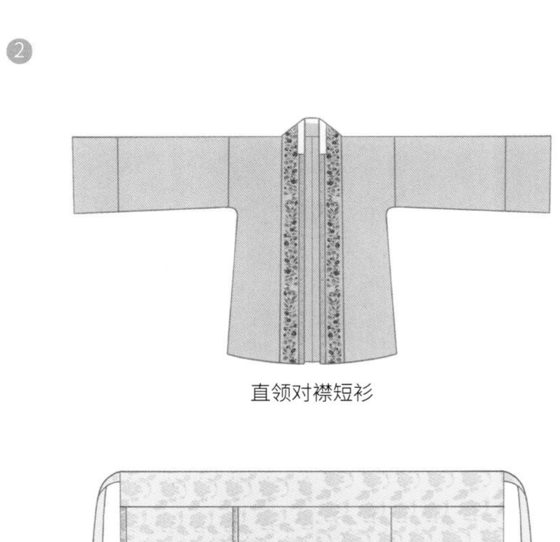

直领对襟短衫

两片裙

③

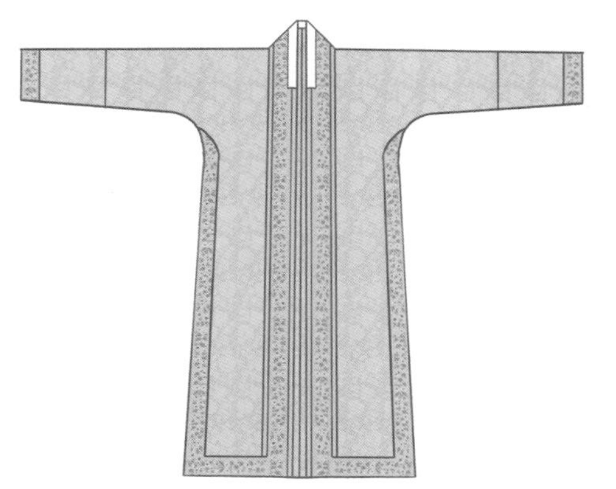

直领对襟褙子

背心

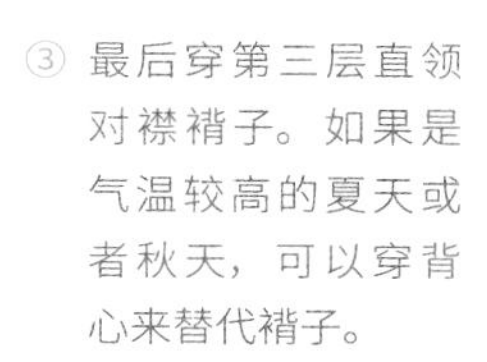

③ 最后穿第三层直领对襟褙子。如果是气温较高的夏天或者秋天，可以穿背心来替代褙子。

◎南宋女子服饰穿法二

① 先穿第一层抹胸和裈（也可穿袴或裆）。

② 再穿第二层直领对襟长衫和百迭裙。

③ 最后穿第三层长褙子和第四层貉袖。

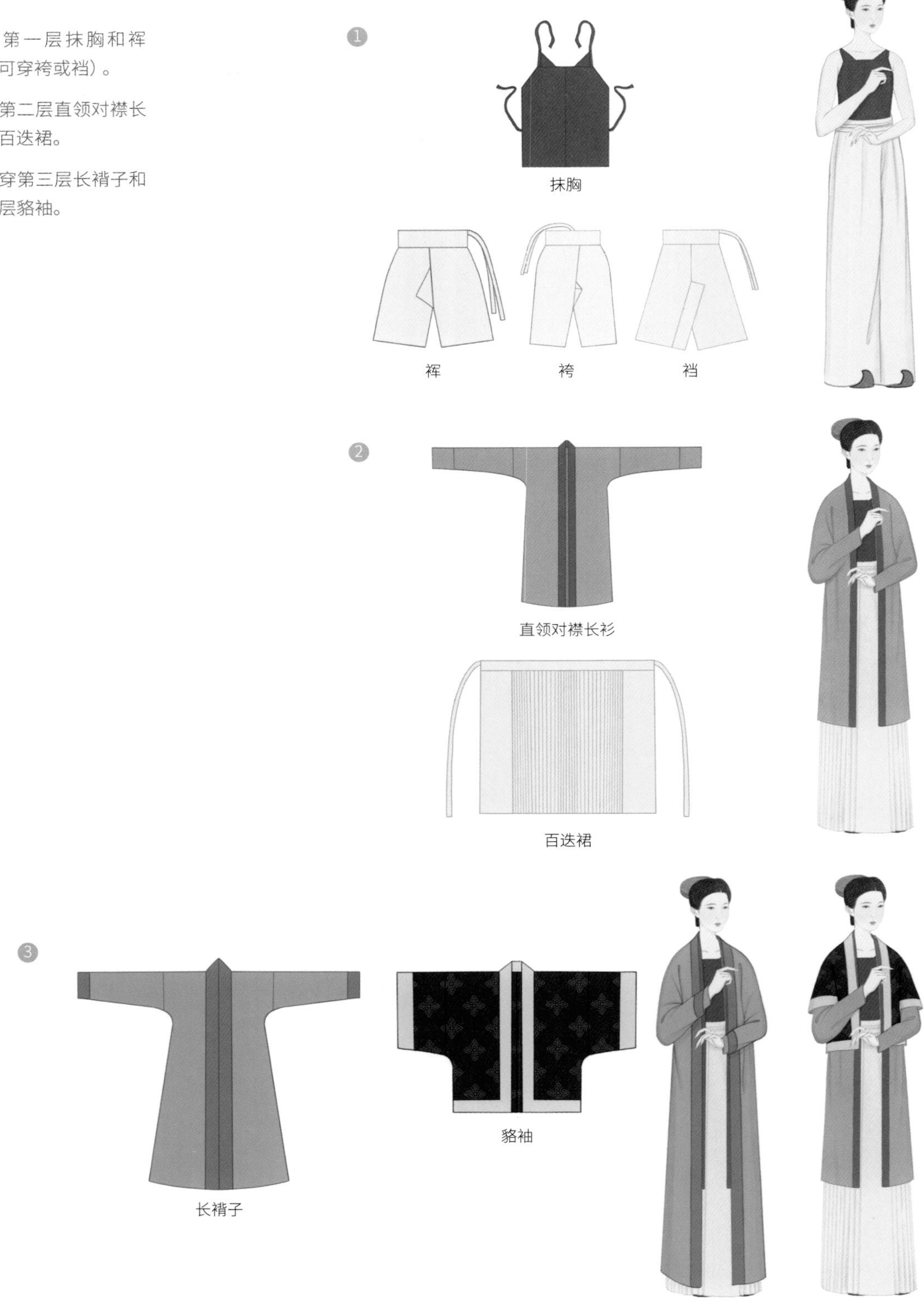

2.2.5 明朝穿法

◎交领搭配

① 先穿第一层主腰和袴。

② 再穿第二层交领衫。

③ 接下来穿第三层马面裙。

❶

主腰

袴

❷

交领衫

❸

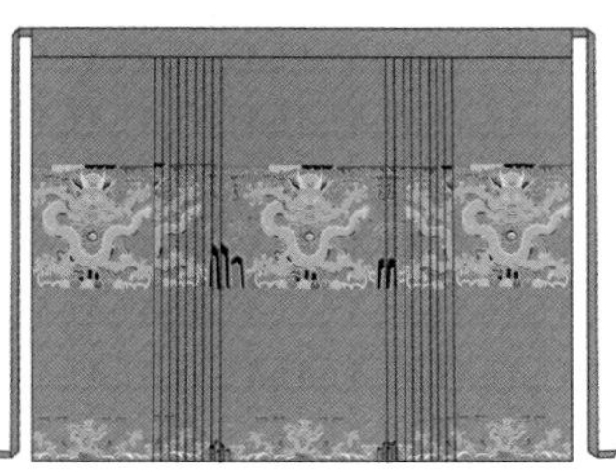

马面裙

④

交领衫

圆领长袍

④ 最后穿第四层交领衫或者圆领长袍。圆领长袍适用于更正式一些的场合。

⑤ 如果去十分正式的场合，还需要加上大衫和霞帔。

⑤

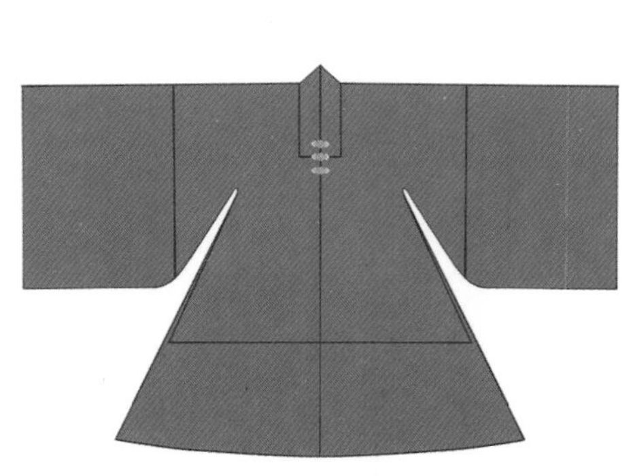

大衫

霞帔

◎竖领搭配

① 先穿第一层主腰和袴。

② 再穿第二层竖领衫。

③ 然后穿第三层马面裙。

❶

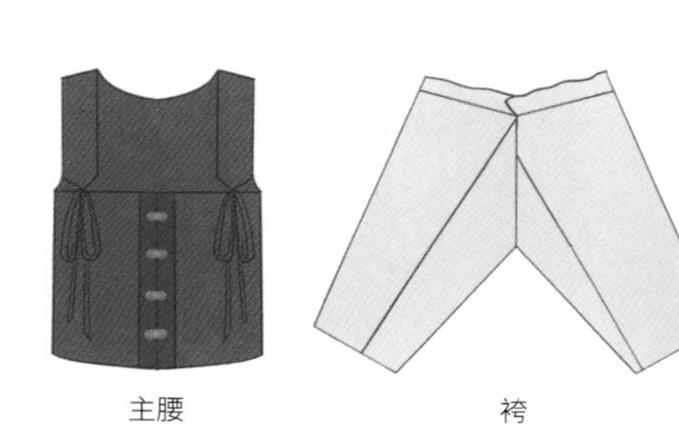

主腰　　袴

竖领衫

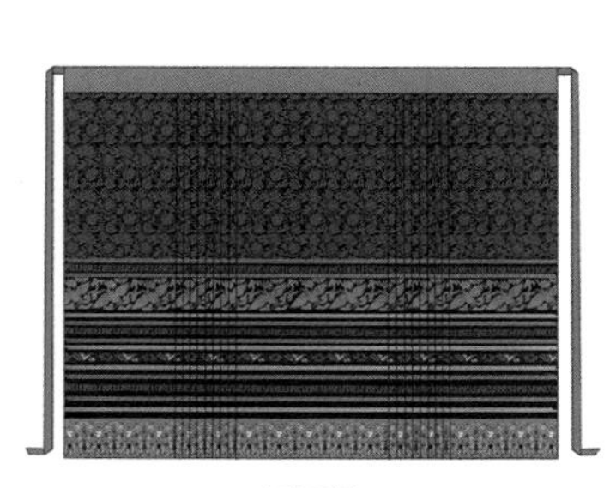

马面裙

④ 最后穿第四层圆领比甲（也可穿方领比甲或者圆领大襟衫）。

④

圆领比甲

方领比甲

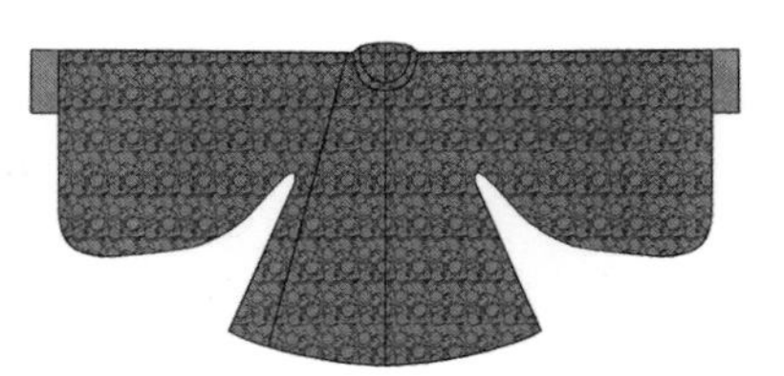

圆领大襟衫

① 先穿第一层主腰和袴。

② 再穿第二层竖领长衫和马面裙。长衫有对襟和交领的区别。

❶

主腰

袴

❷

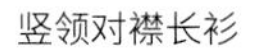
竖领对襟长衫

马面裙

竖领交领长衫

马面裙

③ 然后穿第三层长比甲。

④ 最后穿第四层长披风。

长比甲

④

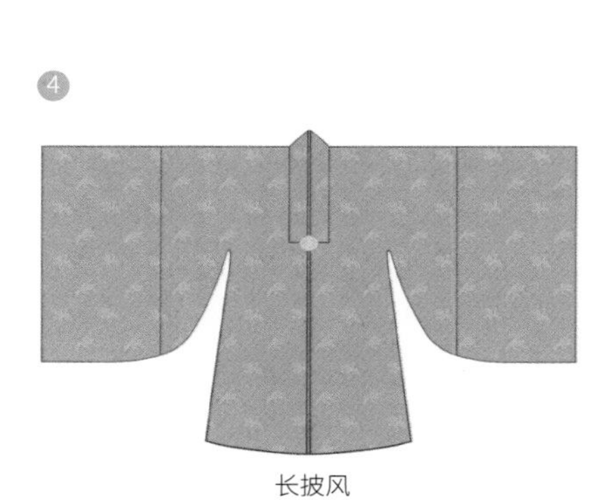

长披风

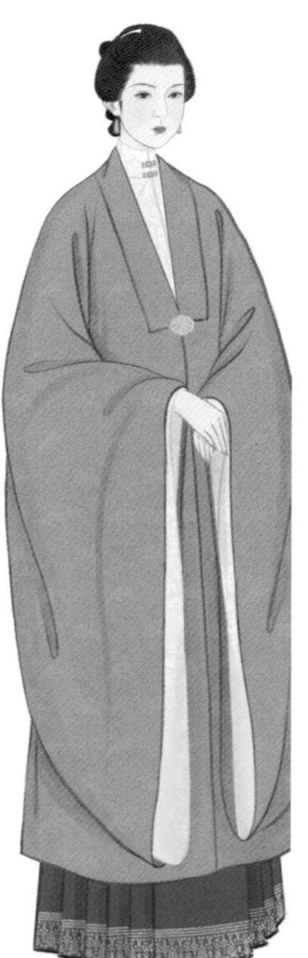

第3章

面料的选择

3.1

面料的大致分类

在了解面料的时候，需要懂点面料分类的相关知识，但面料实在是一门很大的学问，分类的方式也有很多种。

按照纤维分类，可以把面料分为天然纤维和化学纤维。

天然纤维包括了棉、麻、毛、丝。这也是自古以来给面料分类的方式。

现在织造业更发达了，化学纤维使用得就更多了。化学纤维可以分成合成纤维和再生纤维。

合成纤维包括涤纶、锦纶、腈纶、氨纶等，再生纤维包括了粘胶纤维和醋酸纤维等。

还可以按照织造工艺分类：梭织面料、针织面料和非织造布。梭织面料是经纬纱交织织造的面料。针织面料是线圈相连织造的面料，非织造布则不需要纺纱织布就能形成，包括人造皮革、大棚布等特殊面料。

汉服制作基础面料

在制作汉服的时候，推荐使用天然纤维面料，因其穿着更为舒适。

◎棉布

优点：舒适保暖，亲肤柔和，吸湿性强，更透气。

缺点：易皱，易缩水变形，不挺括，容易粘毛。

◎苎麻

优点：抑菌防螨，吸湿透气，防霉耐磨。

缺点：弹力小，延展性低，粗糙，穿着有刺感，容易破损。

◎亚麻

优点：透气散热，抗菌防静电。

缺点：弹力小，延展性低，易皱。

◎欧根纱

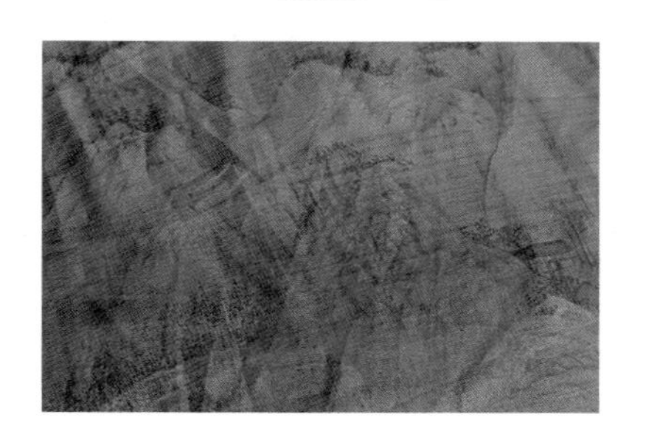

优点：清透有骨架感，顺滑有质感。

缺点：比较硬，压褶不容易恢复。

◎桑蚕丝

优点：有光泽感，吸湿透气，具有一定的防紫外线的功能。

缺点：染色牢固度低，弹力小，延展性低，容易勾丝，易皱，易缩水。

◎羊毛

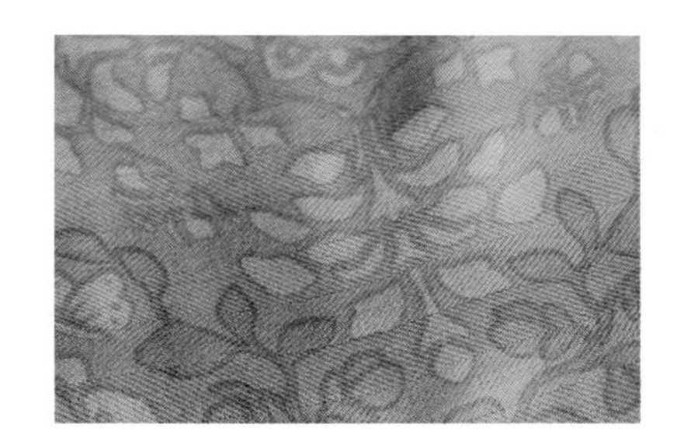

优点：保暖，透气。

缺点：容易起球、缩水，易毡化虫蛀，不易打理。

3.3

绫罗绸缎和其他品类

在中国面料历史上，我们最常说到的就是绫罗绸缎，它们也可以用于制作汉服。

◎绫

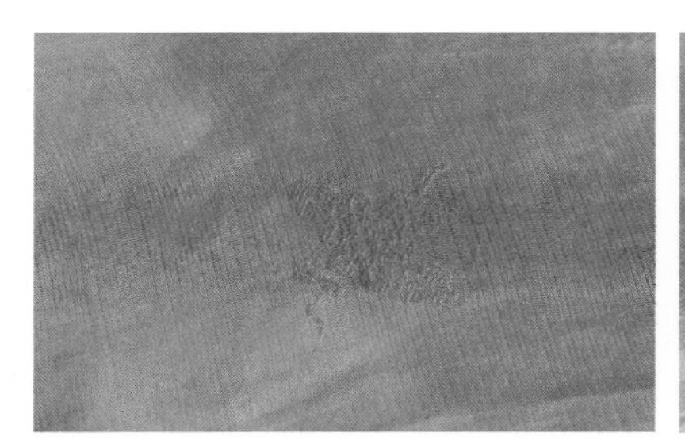

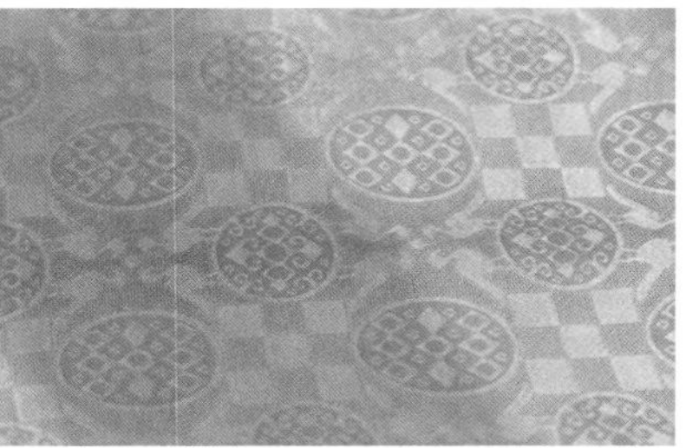

湖绫（植物染）

以斜纹组织为基本特征的丝织品，可以分为素绫和纹绫。素绫是单一的斜纹或变化斜纹织物，纹绫是斜纹地上的单层暗花织物。绫在唐代最为盛行。

◎罗

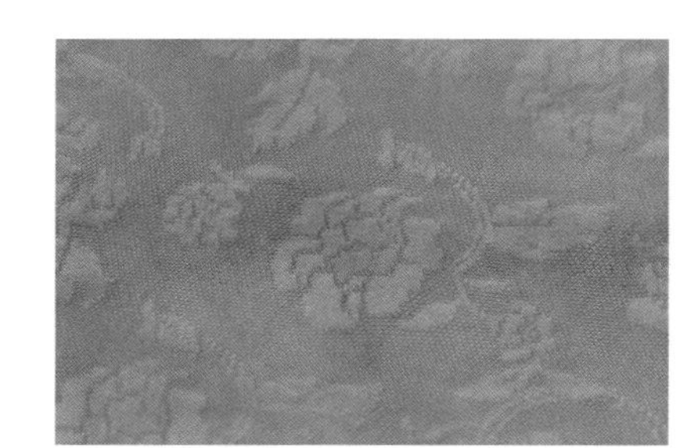

花罗（植物染）

运用罗绸织法使织物表面具有纱孔眼的织物，由甲乙经丝每隔 1 根或者 3 根以上的奇数纬丝扭绞而成，有直罗、横罗、花罗、素罗之分。

◎绸

印花绸

采用平纹组织或变化组织，经纬交错紧密的丝织物。绸面挺括细密，手感爽滑。

◎缎

提花缎

织金缎

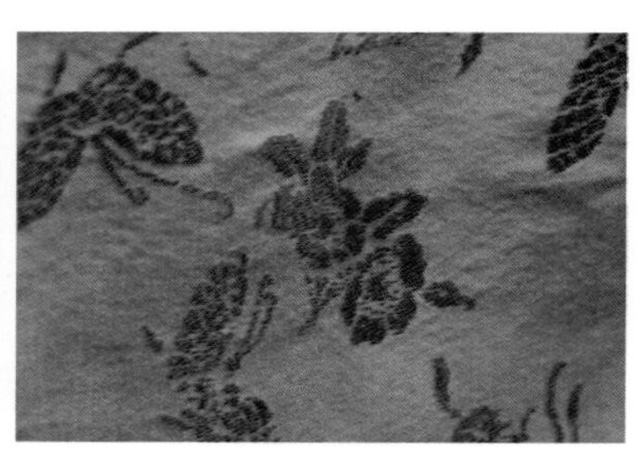

漳缎

采用缎纹组织或外观平滑光亮，细密的丝织物。

除了我们经常提起的绫罗绸缎，还有一些其他面料可用于制作汉服，如纱、绢、纺、绡、锦、绒、呢等。

◎纱

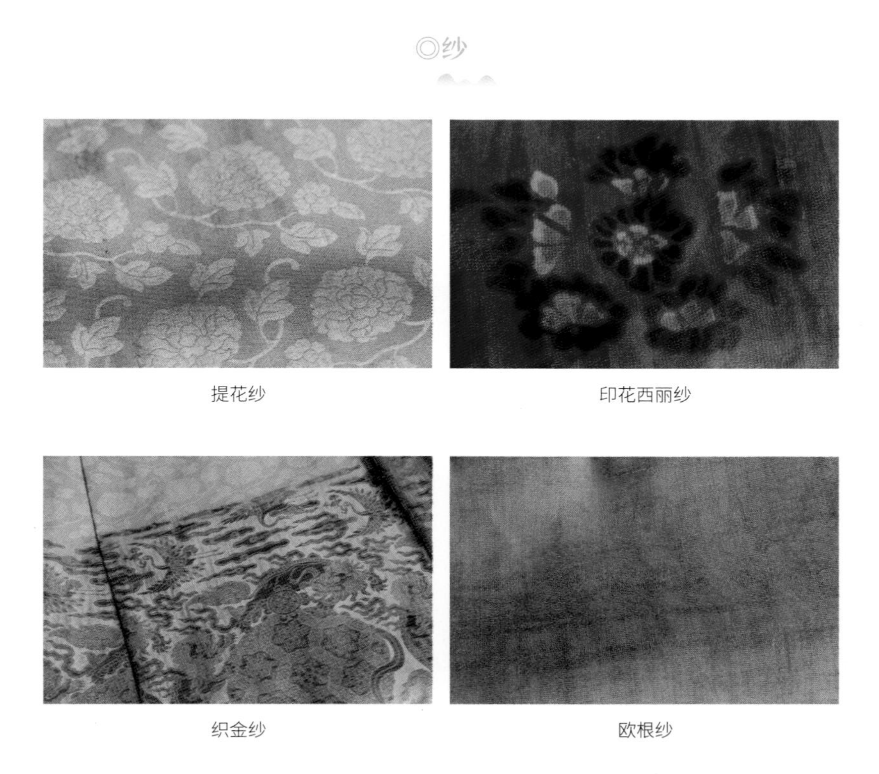

提花纱　印花西丽纱

织金纱　欧根纱

全部或者部分采用由经纱扭绞形成均匀分布的纱眼的纱组织丝织物。

◎锦

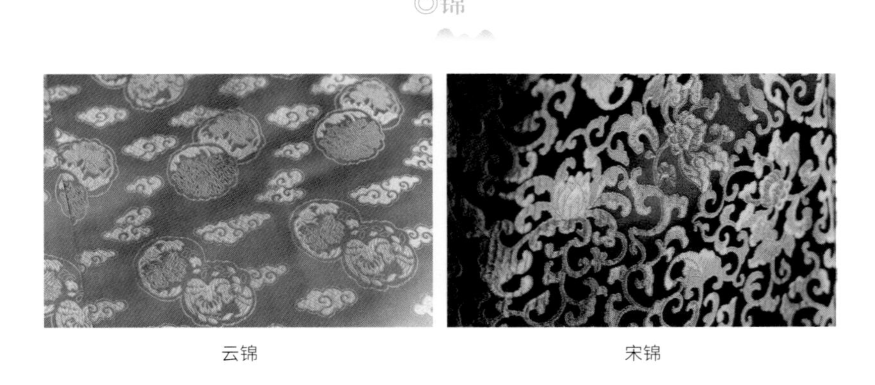

云锦　宋锦

在三色以上经纬丝织成的绚丽多彩、古雅精致的花纹织物。有库锦、蜀锦、宋锦、云锦等。

3.4

特殊面料

除此之外，还有一些特殊面料在制作汉服时使用得比较多。

◎香云纱

香云纱俗称白坯纱，又名薯莨（làng）纱，经过晒莨后的成品称“莨纱”，已有 1000 多年的历史。

它是中国一种古老的手工制作的植物染色面料，被列入国家级非物质文化遗产。由于制作工艺独特，数量稀少，加之该面料具有凉爽宜人、易洗快干、色深耐脏、不沾皮肤、轻薄而不易折皱、柔软而富有身骨等特点，特别受到沿海地区渔民的青睐。在过去，香云纱被称为“软黄金”，只有大户人家才能使用。

在织造上，它由经线以绞纱织成带有几何形小提花的白坯纱，再用广东特有植物薯莨的汁水浸染桑蚕丝织物，后用珠三角地区特有的富含多种矿物质的河涌淤泥覆盖，经日晒加工而成。因为穿着走路会“沙沙”作响，所以最初叫“响云纱”，后人以谐音叫作“香云纱”。

香云纱做汉服的加工方式很多。

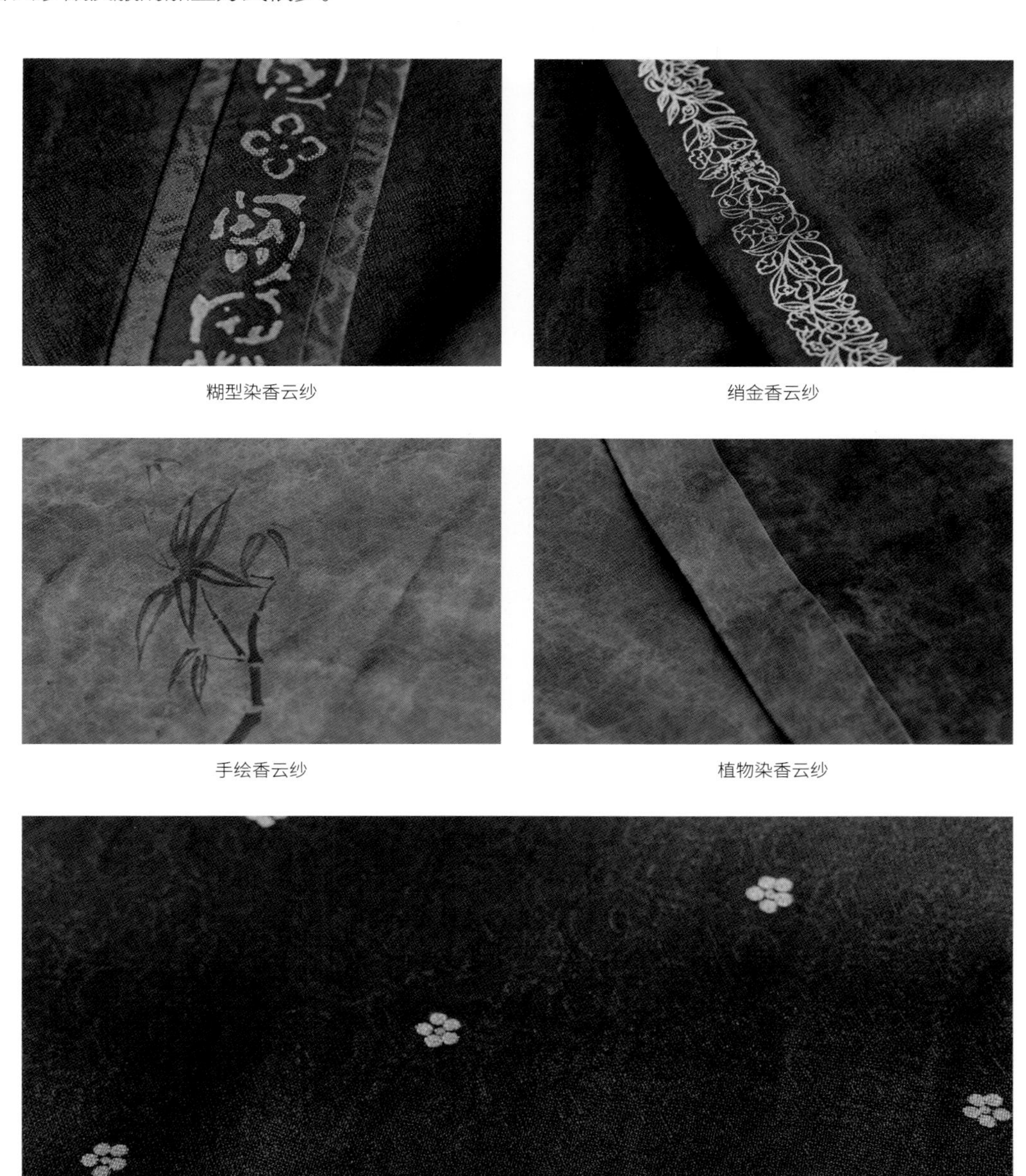

糊型染香云纱

绡金香云纱

手绘香云纱

植物染香云纱

靛蓝糊染香云纱

◎缂丝

一种经彩纬显现花纹，形成花纹边界，具有雕琢镂刻的效果，双面均有立体感的丝织工艺品。缂丝的编织方法不同于刺绣和织锦。

它采用“通经断纬”的织法，使色与色之间呈现一些断痕，而一般锦的织法皆为“通经通纬”法，即纬线穿通织物的整个幅面。

第4章

穿搭配色与身形

4.1

色彩的基础知识

三原色是什么？

绘画色彩中最基本的颜色有三种：红、黄、蓝，它们无法通过混合调配其他颜色得到，但是用三原色可以调出不同的色彩。

红黄蓝三原色

间色与复色是什么？

间色指用三原色中任意两种原色调配而成的颜色。其中调配比例为 1：1 的三种颜色称为三间色。

红 + 蓝 = 紫

黄 + 红 = 橙

黄 + 蓝 = 绿

复色：由三原色相调而成的颜色。

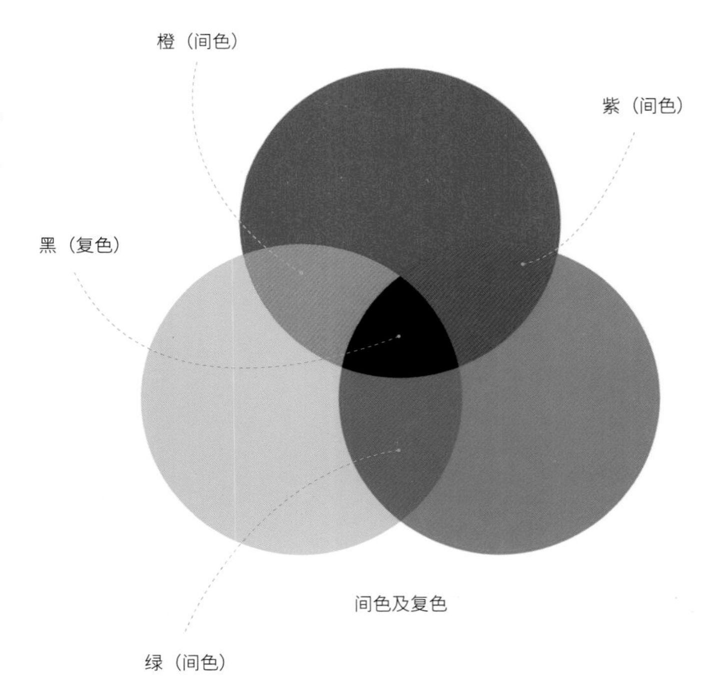

间色及复色

色彩三要素包含色相、明度、纯度。

色相：就是色彩的相貌，是色彩最显著的特征，色的不同是由光的频率的高低差别决定的，光谱上的红、橙、黄、绿、青、蓝、紫就是 7 种不同的基本色相。

明度：指的是色彩的明暗、深浅程度的差别，它取决于反射光的强弱。一种颜色本身可以有明与暗的变化，不同色相之间也存在着明与暗的差别。

纯度：指色彩色素的鲜艳程度，也叫作色彩饱和度。纯度越低，色彩越灰暗、淡雅、柔和；纯度越高，色彩越鲜艳、有力量、视觉冲击力强。

冷暖色是什么？

冷暖色指的是颜色本身给人带来的冷热感受。蓝色是冷色调，红色是暖色调。冷暖色可以通过 12 色相环查询。

颜色	冷色	暖色
视觉感受	凉爽、冷静、理智	温暖、有力量、活泼
心理感受	坚定、沉稳、成熟	积极、愉快、有活力
使用场景	办公室、科技馆、博物馆	餐厅、运动场、节日庆典

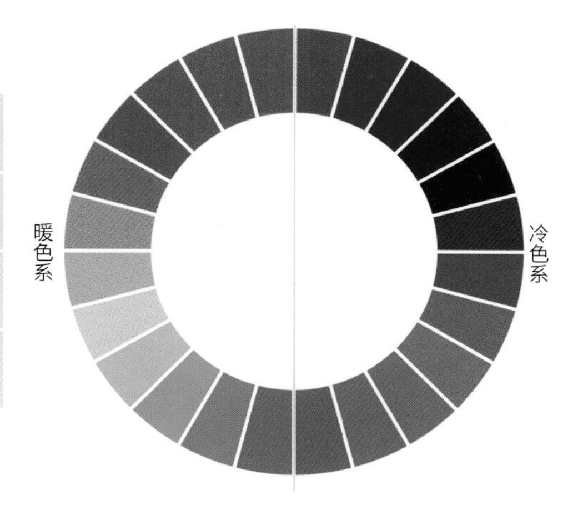

4.2

了解你自己

在学习搭配前，最重要的是了解你自己。你属于什么肤色、脸型、身材类型，从而判断出最适合你自己的颜色和衣服版型，这样可以更有针对性地选购服饰。

4.2.1 判断肤色

人的肤色分为冷肤色和暖肤色，要判断是哪种肤色类型，先卷起袖子看一下自己手腕附近的血管颜色吧。如果血管是蓝色或者紫色的就是冷肤色，血管是绿色的就是暖肤色。如果蓝色、紫色或绿色都有或者看不出是什么颜色则是中性色。

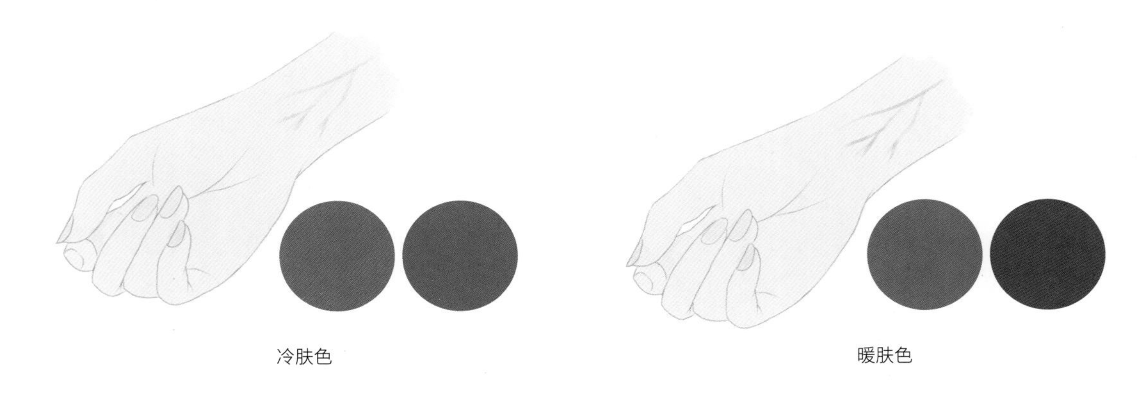

冷肤色　　暖肤色

也可以把自己的手指放在下面的色块上，哪个更显白就属于哪种肤色。判断出自己的肤色后就可以选择适合自己的颜色了。

左冷右暖

冷肤色

暖肤色

冷肤色：更适合亮丽的颜色，饱和度可以高一些。亮丽的色彩会显得冷肤色的人更为白皙。

暖肤色：更适合沉稳的颜色，饱和度需要低一些。沉稳的配色会显得暖肤色的人更有气色。

4.2.2 脸型与发型

判断完肤色，接下来就要判断自己的脸型了。

判断脸型的方式很简单，拿出手机，把头发扎起来，露出整张脸，对着手机以平视视角自拍，在照片上按照右图 A、B、C、D 的画法将自己的脸用线条连接起来。

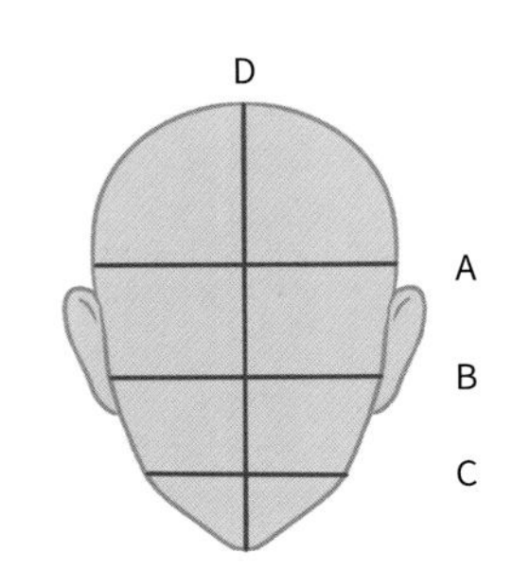

方形脸

菱形脸

鹅蛋脸

如果 A、B、C、D 大致长度相等，下巴偏方则是方形脸。这样的脸型比较有气场，适合唐代堕马髻。唐代的垫发比较多，可以形成“头包脸”的效果，显得脸更小。

参考女星：舒淇、万茜。

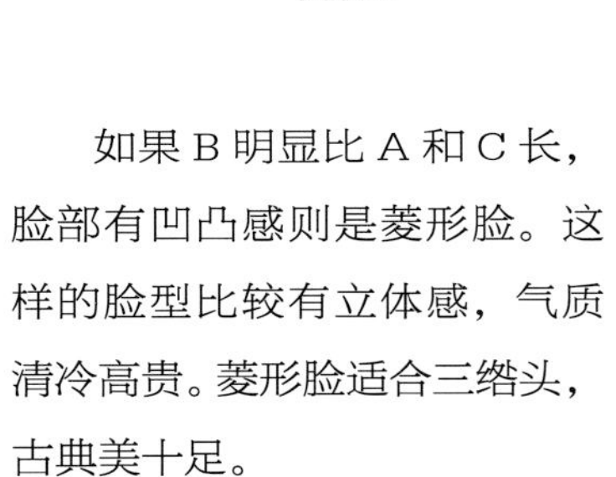

如果 B 明显比 A 和 C 长，脸部有凹凸感则是菱形脸。这样的脸型比较有立体感，气质清冷高贵。菱形脸适合三绺头，古典美十足。

参考女星：刘雯、章子怡。

如果 A、B 等长，C 略短，B 为 D 的三分之二，整体脸部线条圆润，则是标准的椭圆形脸，也可以称为鹅蛋脸。这样的脸型看上去很柔和，适合上镜，气质温婉。椭圆形脸基本上适合各种发型。

参考女星：刘亦菲、刘诗诗。

圆形脸

瓜子脸

长形脸

当 A、B、C 长度相近，B 和 D 等长，整体脸部线条圆润则是圆形脸。这样的脸型可爱不显老，很适合少女造型。圆形脸适合唐风的高发髻，如果是对称的发髻则会显得更可爱。

参考女星：赵丽颖、赵露思、田曦薇。

当 A 最长，从 A 到 C 长度逐渐变短，下巴尖尖的则是瓜子脸。这样的脸型有妩媚柔弱感。瓜子脸基本上适合各种发型。

参考女星：金晨、唐嫣、景甜。

如果 A、B、C 差不多等长，但 D 最长，脸型整体比较瘦长则是长形脸。这样的脸型看上去很利落，很有女人味。长形脸更适合带环下垂的造型，发髻环会从视觉上加宽脸型。

参考女星：莫文蔚、黄圣依。

4.2.3 判断身材类型

判断完自己的脸型，接下来就要判断自己的身材类型了。可以先为自己测量一个基础维度。不同身材类型是根据肩宽、胸围、腰围和臀围的数值来决定的。

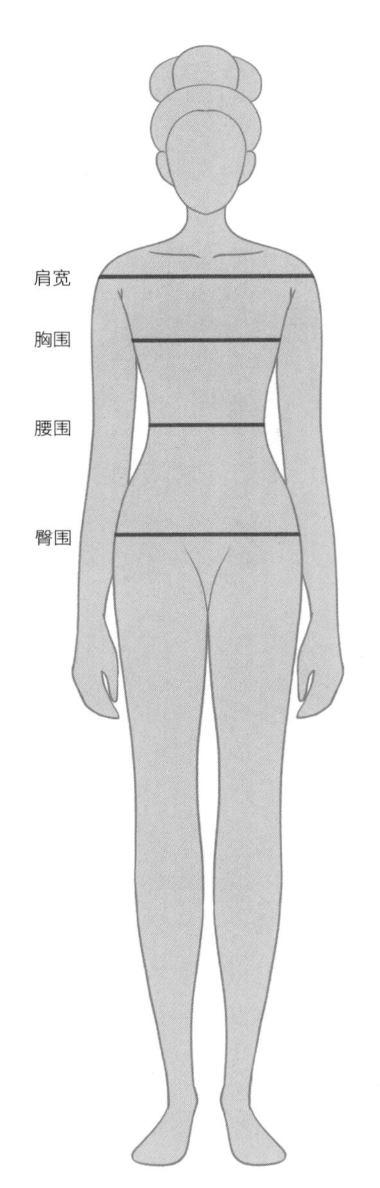

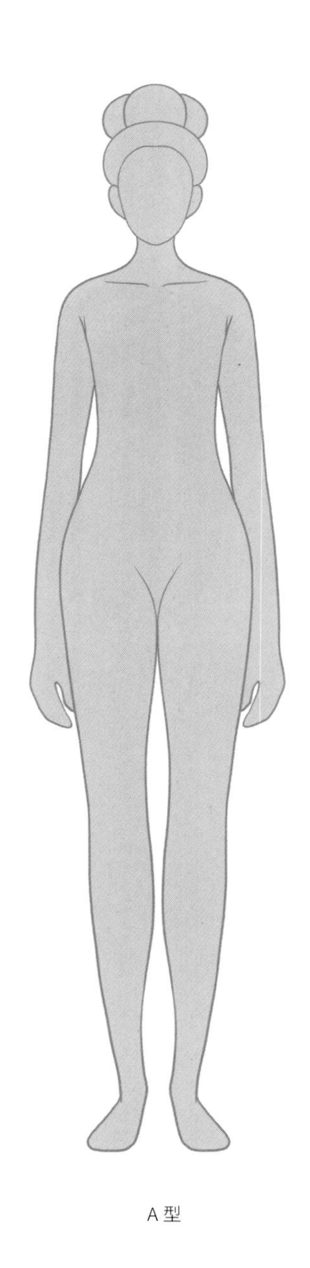

A 型

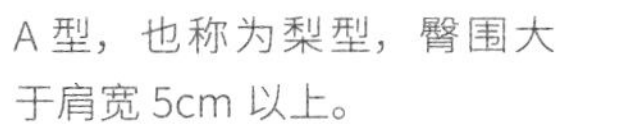

A 型，也称为梨型，臀围大于肩宽 5cm 以上。

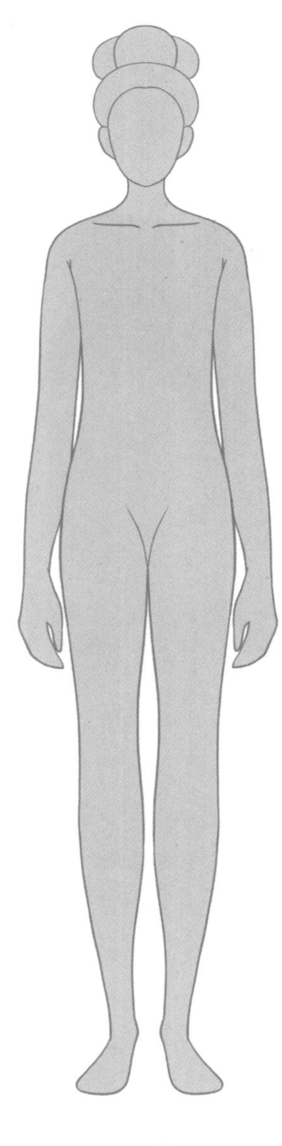

H 型

H 型，也称为直筒型，肩臀差在 5cm 以内，臀腰差在 20cm 以内。

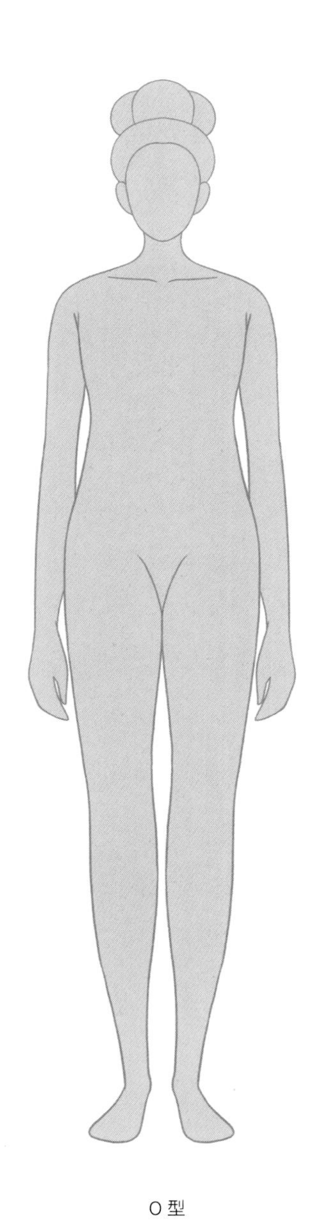

O 型

O 型，也称为苹果型，腰围大于臀围 5cm 以上。

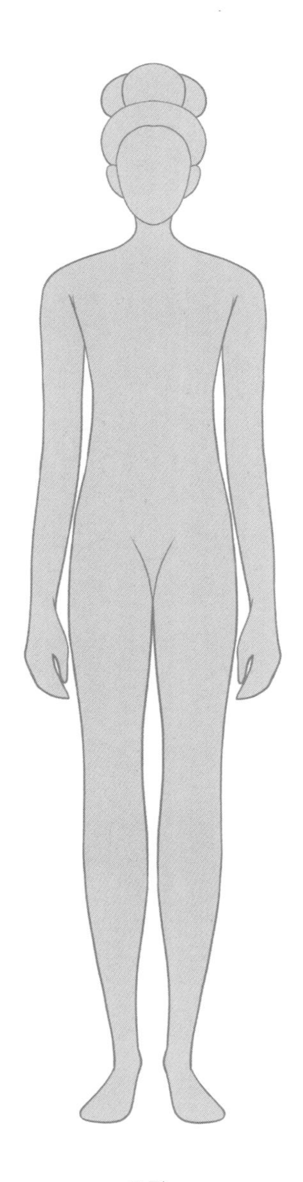

T 型

T 型，也称为倒三角，肩宽大于臀围 5cm 以上。

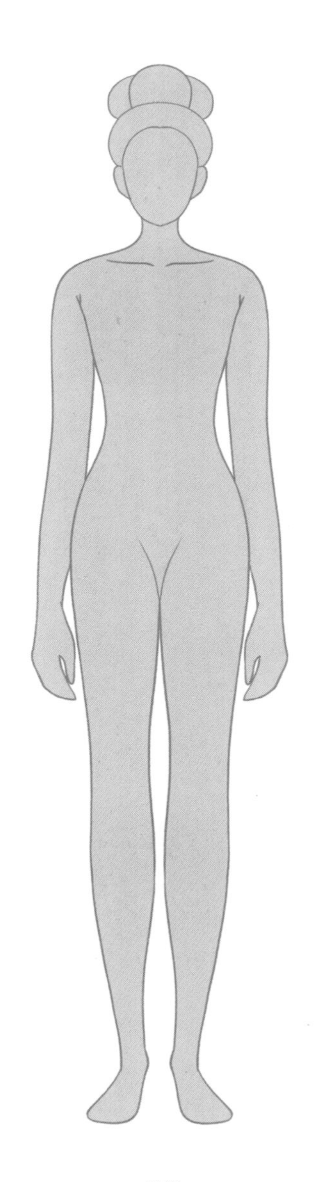

X 型

X 型，也称为沙漏型，臀围大于腰围 20cm 以上，肩臀差在 5cm 以内。

比起现代时装，汉服对穿着者的身材要求没有那么高，大家可以根据自己的身材类型选出适合的、喜欢的服装款式。

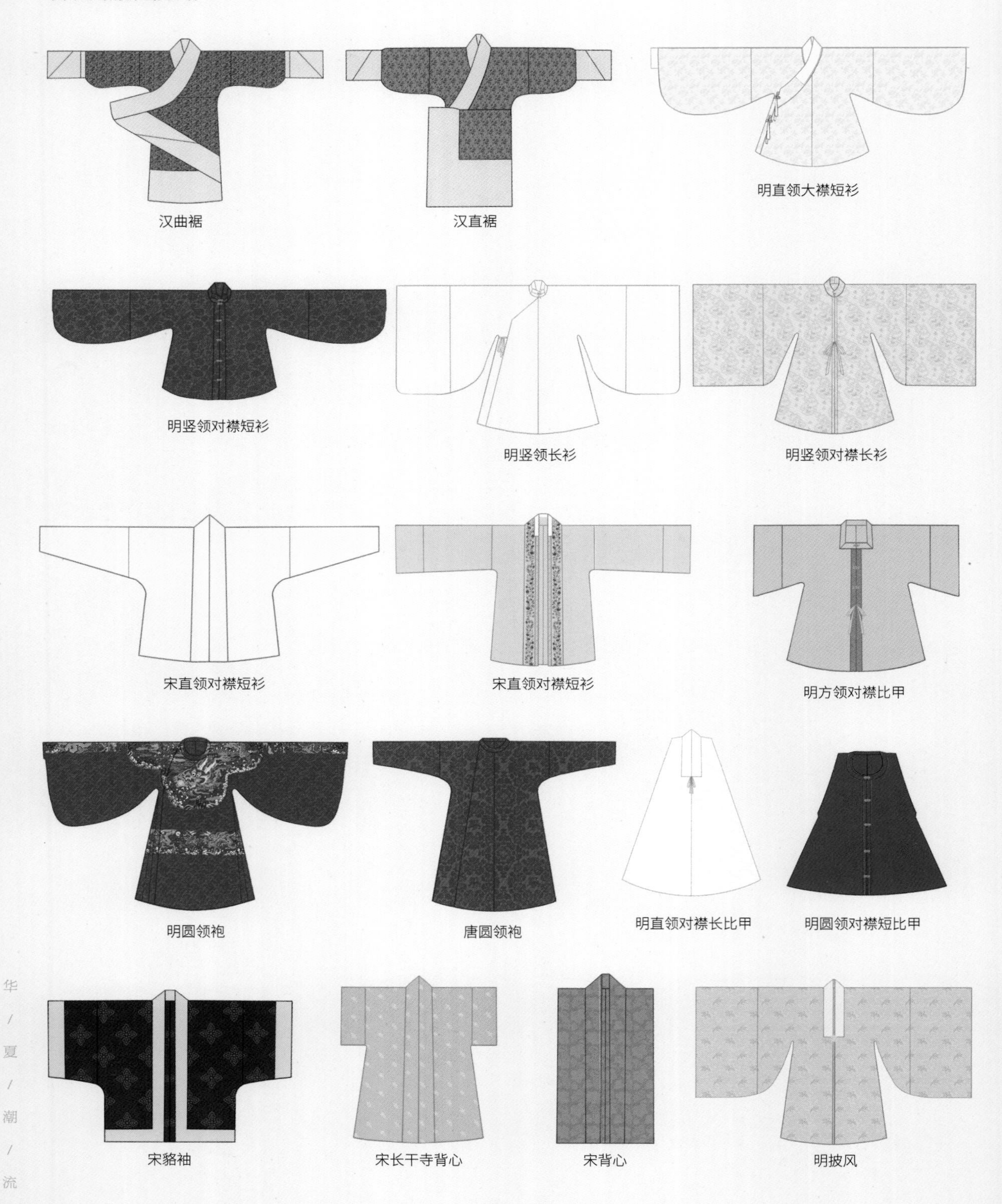

唐直领对襟衫
唐垂领衫
宋褙子
唐背子
唐背子
魏晋直领襦
明马面裙
宋百迭裙
宋两片裙
宋三裥裙
唐间色裙
唐交窬裙
魏晋间色裙（拖地）
魏晋间色裙
魏晋半袖

4.2.4 四季型人配色表

四季型色彩分析有助于确定适合个人的颜色和颜色组合，用来匹配适合的服装色板和美妆的风格。要判断属于哪个季节，需要判断你自己的肤色和瞳孔颜色。

- 肤色浅+瞳孔颜色浅=用色浅（春 OR 夏）
- 肤色深+瞳孔颜色浅=用色浅（夏季型）
- 肤色浅+瞳孔颜色深=用色深（冬季型）
- 肤色深+瞳孔颜色深=用色深（秋 OR 冬）

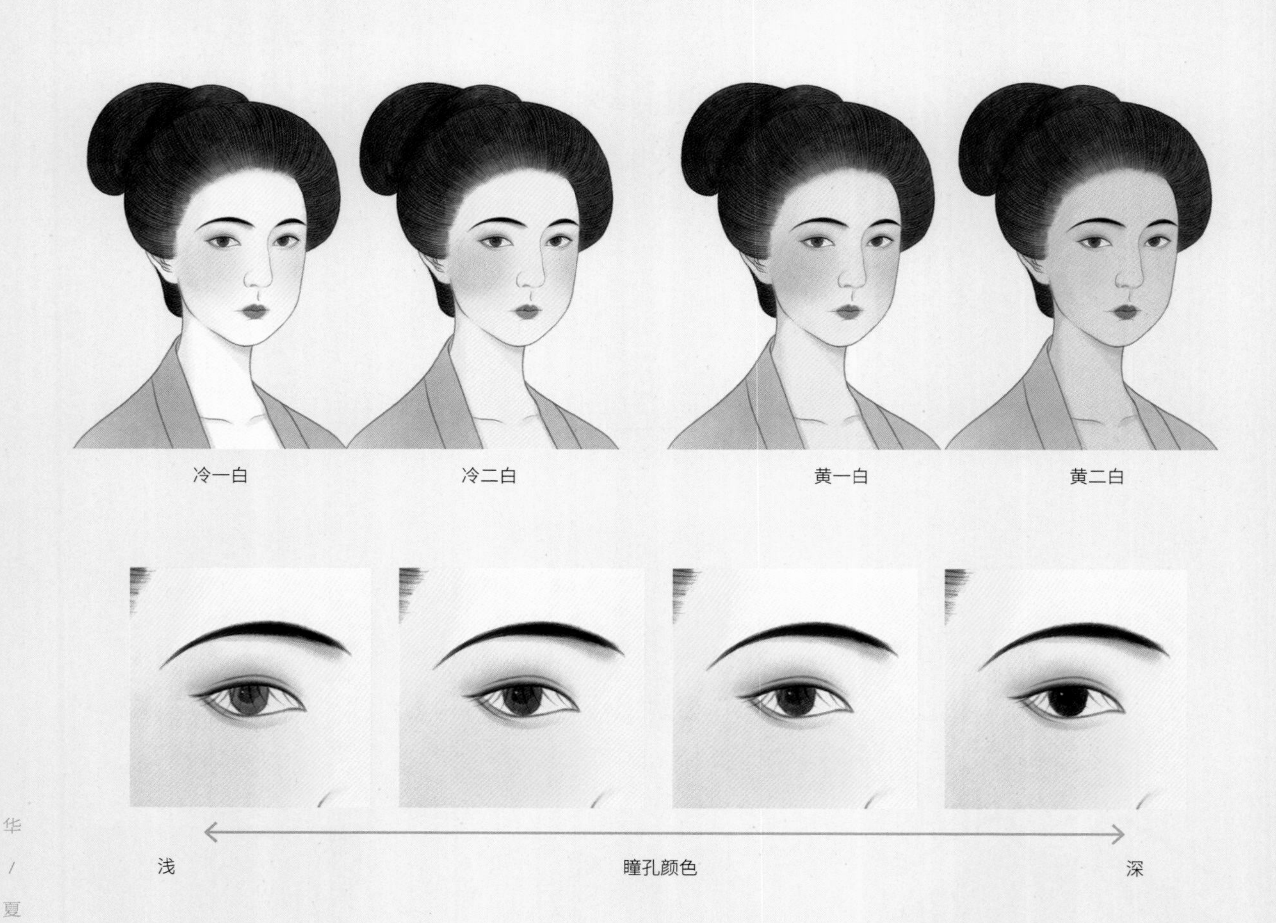

肤色浅+瞳孔颜色浅=用色浅（春 OR夏

春季型人

春季型人给人清新、活泼的感觉。在搭配时适合中高明度、中高色彩度的暖色。

春季型人可以选择明亮色系的唐代齐胸衫裙，使整个人显得更为活泼。

肤色深+瞳孔颜色浅=用色浅（夏季型）

夏季型人

夏季型人给人温柔、雅致的感觉。在搭配时适合中高明度，带有一定灰白底色的冷色。

夏季型人不妨尝试明代的竖领长衫和长比甲，颜色可以选择对比色系突出清冷感，再搭配一件蓝色马面裙，凉爽的夏日感就扑面而来了。

秋季型人

秋季型人给人温暖、华贵的感觉。在搭配时适合中低明度、中低色彩度的暖色。

秋季型人可以选择唐代的敦煌供养人造型，齐胸衫裙搭配咖色大袖衫，整体显得端庄、温和。

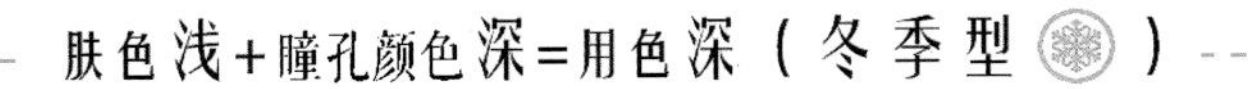

冬季型人

冬季型人给人华丽、醒目的感觉。在搭配时需要保持比较高的对比度。

冬季型人不妨选一套明代厚实的竖领披风套装，大红的竖领长衫搭配雨过天晴的蓝色，给人一种沉稳的感觉。

第 5 章

不同场合 / 季节 / 节日的穿搭建议

5.1

不同场合的汉服穿搭建议

汉服可以随时随地穿着，逛街、旅游、通勤都可以穿它，将它融入到生活中吧。

5.1.1 博物馆 / 展览汉服穿搭

博物馆和展览都属于艺术氛围比较强的场合，这样的场合一般适合两种穿着搭配，第一种是选择面料、质感更好的汉服，如真丝、亚麻、羊绒这类本身质感比较好，色彩又比较干净的面料，这样的穿着会突出人的气质。第二种则是选择汉服和其他服饰进行个性化搭配，如马面裙混搭衬衣，包包也应选择质感比较好的包。

想要不出错，推荐在简洁的春夏款基础上加上一些大色块点缀，秋冬季节的服饰如果颜色比较暗，可以加入一些浮夸的小配饰。

欧根纱质地的马面裙是个不错的春夏混搭选择，如果有《千里江山图》《睡莲》这样的名画元素就更好了，整体的艺术感会很强，在博物馆拍照会很出彩。

所谓气质，是要更好地提升自己的优势，而不是胡乱堆砌一些品牌元素。汉服最早“出圈”是因为大片的绣花设计，但是随着市场的竞争，消费者审美的提升，单纯的绣花堆叠已经无法满足审美需求了。为了使汉服更好地融入日常生活，独特的中式面料应运而生。中式面料有自己的特色，各种织法的绫罗绸缎，可以很好地帮助大家提升穿衣的段位。

秋冬天气变凉，飞机袖成了我的第一选择，无论是搭配两片裙还是马面裙都很有气场，另外还可以在配饰上加入一些“小心机”，如夸张的耳环胸针，或者搭配一件小斗篷、一顶贝雷帽，温暖又优雅。

方领配马面裙也是一个不错的搭配。如果觉得过于单调，可以考虑在里面穿上主腰，那么将长袍敞开穿的时候也可以获得很时尚的效果。

秋天去看展的穿搭

马面裙十分适合混搭。如果将白衬衣扣上，可能显得过于正式；而解开几颗扣子露出里面的抹胸，露出锁骨和脖颈的部位会更显瘦。

冬天去博物馆的穿搭

在寒冷的冬季，羊绒汉服因其出色的保暖性而备受青睐，适合作为最外层的穿着。然而，若想打造出独特的造型，还需借助一些鲜艳颜色进行点缀。选择色彩艳丽的内搭衣物并巧妙地露出衣领边，不仅能够增添整体的亮点，还能进一步提升脸部的气色。

这套穿搭比较有个性，用珠宝作点缀，用宽腰带提高整体腰线，使整个人看起来更高挑。

小斗篷也是冬季保暖又抗风的混搭利器。皮质的斗篷即便在室内披着，也显得时尚有型。

春天看展
穿搭

方领长衫是很显瘦的汉服款式，领子开口露出的锁骨，从视觉上延长了脖子的长度。黑色比较沉闷，但是半透的黑色莨纱极大限度地提升了质感，简单地梳个发髻，就是气质美人了。这款素人长衫即使在夏天也不会起皱或令人感到闷热，搭配马面裙更能凸显穿着者优雅的气质。

小礼帽

琉璃项链

真丝衬衣

印花丝巾

欧根纱睡莲印花马面裙

编织包

如果你是上班族，那么你的衣柜里一定有几件衬衣。试着将这些衬衣与马面裙进行新的组合，就可以发现不同的美。

明制主腰

5.1.2 环球旅行汉服穿搭

除去色彩和面料，汉服穿搭还有一个很重要的关注点就是氛围感，也可以理解为穿着这套服饰的环境。我从 2018 年开始穿着汉服去旅行，其间去了 30 多个国家，用汉服元素和时尚元素混搭。我一直都觉得能融入当地的环境才是最好的搭配，须考虑色彩、造型和文化元素。当然，高度还原历史的造型在很繁复的异国风情建筑前会产生一种强烈的反差感，这种强烈的对比当然很不错，至少拍照是很好看的，但是同样会让人感到刻意。能融入任何环境、融入日常生活，才是搭配汉服比较好的方式。

例如，在巴黎的埃菲尔铁塔下，我会选择整体比较沉稳低调的色彩，如紫色 + 黑色去中和这个建筑本身的颜色，然而到了巴黎街头则会选择红色 + 黑色这种强烈、极富视觉冲击力的颜色去表现街道的繁华；在西班牙，我会选用热情浪漫的蓝色 + 橘色去擦出时尚的火花，那里城市化的建筑，适合更为艳丽的红色大袖衫压在整体穿搭的外层，能够给人留下深刻的印象；在我看来维也纳是很“温柔”的城市，建筑大多是白色的，所以粉色 + 白色的服饰可以很好地烘托出城市的特点；在德国，我选择用蓝色 + 黑色去凸显它的严谨和沉稳；在从奥地利去往布拉格的路上，秋日里有很多橙红色的教堂和枫叶，穿橘色的衣服可以和风景融为一体，营造出强烈的秋日氛围，但是因为途经很多山，所以我会在浓郁的橘色外面搭配白色的大袖，让整体颜色更柔和一些；巴厘岛属于炎热的岛屿，防晒很重要，可以选择粉色和淡黄色的服装，草帽和墨镜是度假必不可少的穿搭利器。

旅行穿搭的颜色和层次太重要啦！如果旅行的城市位于热带地区，那么明亮色系的外搭和裙子就是不错的选择。服装层次也不容忽视，多层次的穿搭，可以在旅行中自如地切换不同的造型。

环球旅行汉服配色建议

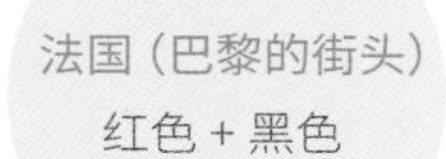

法国（巴黎的街头）
红色 + 黑色

印度尼西亚（巴厘岛）
粉色 + 淡黄色

西班牙
蓝色 + 橘色 + 红色

奥地利
橘色 + 白色

德国
蓝色 + 黑色

法国（巴黎的埃菲尔铁塔）
紫色 + 黑色

奥地利（维也纳）
粉色 + 白色

东南亚地区
咖色 + 鹅黄色 + 橘色 + 草绿色 + 浅蓝色

1. 东南亚旅行汉服穿搭

东南亚地处热带地区，植被茂盛，全年平均气温较高。我选择了以咖色为主色调，营造出一种和谐自然的氛围，不用梳很复杂的发髻，选择了更为简约的披发并搭配了一顶草帽，不仅防晒，还更有热带风情。

草帽

墨镜

宋制对襟绣花长褙子

唐制鹅黄色绣昙花齐胸衫裙轻薄透气，很适合在夏天穿着，外搭宋制对襟绣花长褙子作为防晒衫。

唐制鹅黄色绣昙花齐胸衫裙

东南亚的沙滩特别多，穿沙滩拖鞋怎么搭配汉服呢？

无袖的明制香云纱合领褂子是个不错的选择。在海边，当然需要一些色彩亮丽的服饰作为点缀。破纱裙的绿色和吊带衫的橘色形成鲜明的撞色效果，让深色的褂子不再显得那么沉闷了。

东南亚不仅绿植多，海滩也多。这套衣服在海滩上显得很清爽，泳衣也可以穿在里面。真丝质地的飞机袖短衫轻薄透气，可以当防晒衫穿，两片裙是显高显瘦的利器，不仅从视觉上提高了腰线，还便于穿着者临时换衣服。

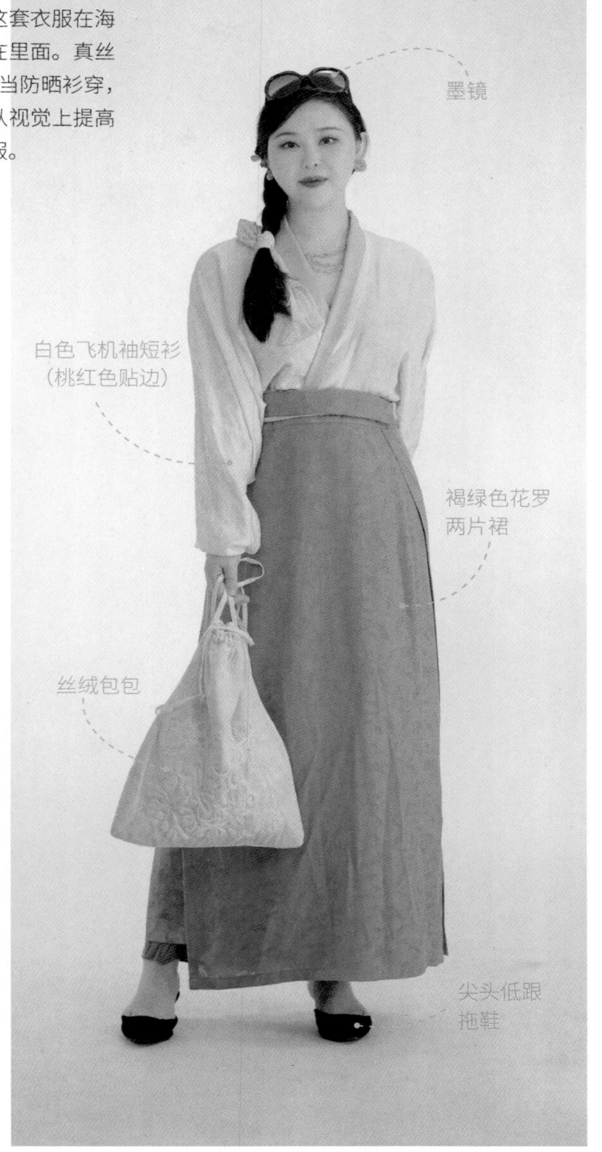

在河湖附近可以选择蓝紫色调的汉服，整体色彩和谐统一，既清爽又温柔。

西班牙旅行穿搭

西班牙人钟爱明艳的色彩，每当提到西班牙，总会令人联想到那份独特的热情和鲜活的生命力。同样地，那里的建筑也是一样色彩丰富。去西班牙旅行可以选择明艳色彩的汉服，比如孔雀蓝和红橙的撞色，显得很有活力。

间色裙同样选用了孔雀蓝和橙色的撞色设计。

巴黎是浪漫之都，可以选择一些带有优雅元素的汉服款式，如大袖衫，与异域风光相得益彰。

法国
旅行穿搭

法国是优雅又浪漫的国度，在法国街头经常能见到穿着小西装搭配法棍小包的时尚女郎。法国女性出门一般会带两个包，一个是时尚感比较强的小包，方便下午茶、逛街及晚宴的时候使用；一个是大号的公文包，用来装笔记本电脑等其他物品。

粉白色宋制裙裤类似现在的阔腿裤，走起路来很是飘逸。在此基础上再搭配小西装和腰带，不仅显得高挑，还有很强的都市感。

很多中性汉服穿搭都非常适合在法国旅行时穿着。比如可以用圆领对襟亚麻短衫来替代平时的衬衣，不仅增加了衣服的层次感，还很适合秋日的氛围。

在冬天穿汉服也不用担心受凉，羊绒是你保暖的好伙伴。条纹一直是流行的时尚元素，条纹圆领对襟羊绒短衫搭配千字文书法马面裙，既洋气又充满中国风。

5.1.3　日常逛街汉服混搭

将汉服与日常的服装混搭，才能让汉服既穿在身上，又能体现自己的风格，将其真正地融入生活。

这套搭配看似随意，就像在衣橱里随便拿了几件汉服套在一起，但其实层次和色彩都很鲜明。这套穿搭的纹样也体现了传统美。

日常逛街最重要的就是行动方便！裙子不要太长，要便于走路，马面裙是长度恰到好处的一件单品。

简单大方的蓝色系搭配让人耳目一新。汉服的裙摆比现代时装更飘逸，营造出一种古典又浪漫的氛围。

夏天穿汉服也不必担心会热，无袖长比甲可以当作褂子穿着，不仅可以遮挡副乳，还能拉高人的整体比例。

浅色系的汉服多为少女风，搭配可爱的发型会非常减龄。如果你肤色较白，又比较瘦，大可以一试。如果刚好你不属于瘦美人，肤色又较深，那么这样的款式恐怕无法为你的穿搭加分了。不如试试色块型的浅色，没有绣花设计的汉服看起来干净又显气质。绣花的使用要慎重，现在很多商家一味地追求大片绣花的设计，整件衣服在照片里也许是好看的，但是色彩欠佳的绣花加上化纤的面料，在光线下就显得比较廉价，更不用说各种亮片和珠子了。

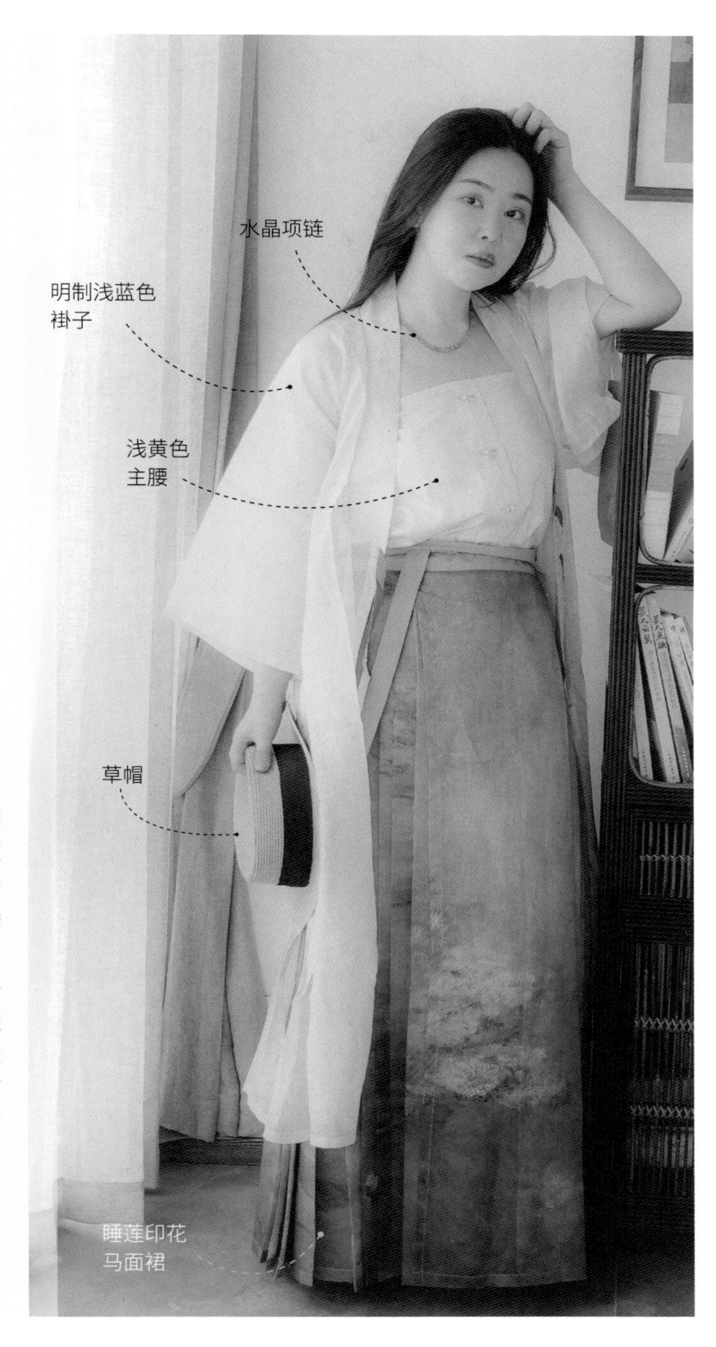

5.1.4 通勤 / 上学汉服混搭

通勤穿搭的核心在于满足上班的要求。因此，在袖型上倾向于选择窄袖，搭配高雅稳重的高跟鞋和公文包。

这套造型颜色很粉嫩，很适合在寒冷的冬日里穿着。将衬衣穿在里面，把汉服套在最外面，看起来就像穿着一件风衣一样。

上学汉服混搭

学生需要穿着轻便且适合活动的汉服。由于冬季寒冷，因此在外套上可以费一些心思，如选择带毛的袖口，搭配格纹围巾，再配一双保暖的长筒靴，既温暖又提升气质。

这套搭配简单又清爽，花罗的透气性比较好，夏天穿也不会觉得太热。
花罗百褶裙

一般来说深色的衣服会显得人更有气质，没有绣花的汉服比有绣花的汉服更显稳重。

深蓝色的汉服搭配显得文艺又恬静，在学校里穿着也不会显得突兀。

5.2 四季复原汉服穿搭

5.2.1 春季

春季，是一年的开始，其季期自立春至立夏，历经立春、雨水、惊蛰、春分、清明、谷雨六个节气。春季万物复苏，阴阳之气悄然转变，万物随着阳气上升开始萌芽生长，因此在色彩的搭配上需要更具生机的色彩。

苍蓝色抹胸
兰花绎丝抹胸
粉色长褙子
宋制天青色绣花
长褙子
宋制长背心
杏色百褶裙
绿色花罗褶裙

宋制绿色
长褙子
兰花缂丝抹胸
绿色素罗百褶裙

5.2.2 夏季

夏季，作为一年四季中第二个季节，始于立夏，终于立秋。夏季最显著的气候特征是高温，但因地域不同，会产生炎热干燥或者湿热多雨的不同气候。夏季是许多农作物旺盛生长的季节，充足的光照、适宜的温度以及充沛的雨水给植物生长提供了良好条件。在这样的季节，可以选择色彩清爽温柔的汉服，以更好地适应夏季的气候特点，为穿着者带来一丝清凉。

帷帽
唐制窄袖衫
串珠项链
唐制宽袖衫
花色高腰裙
鹅黄色帔子

5.2.3 秋季

秋季，是四季的第三个季节。传统上是以二十四节气的“立秋”作为秋季的起点的。进入秋季，降雨、湿度等将迎来一年中的又一转折点，自然界的万物从繁茂成长趋向成熟，迎来萧索。同时，秋季也是气温转凉的季节。初秋尚未出暑，是一年中气温最高且潮湿闷热的时段。进入深秋，白天艳阳高照，夜间清凉干燥，早晚温差较大，雨水减少，比较干燥，在汉服的选择上多以长衫为主。

竖领对襟短袄
绛纱灯
妆花马面裙

5.2.4 冬季

冬季，是四季的最后一个季节。一年四季的更迭是一个连续不断的过程。在这个渐进的演变中，立春、立夏、立秋、立冬，并称“四立”，都标志着各个季节的开始。我国传统上以二十四节气的“立冬”作为冬季的开始。

方领羊毛长比甲
竖领短衫
织金马面裙

冬季万物进入休养、闭藏状态。天气干燥，气温较低，汉服的选择需以保暖为主要目的。

方领羊绒短袄
漳缎交领短袄
织金马面裙

传统节日复原汉服穿搭

5.3.1 春节

春节，也是中国农历新年，俗称新春、新岁、岁旦等，民间又称过年、过大年，是中国四大传统节日之一。我们总说红红火火过大年，穿红色已然成为人们潜意识的春节穿搭首选。这里为大家推荐一套宋制、一套明制的春节汉服搭配，丰富的层次感可以让你的穿搭在这个节日脱颖而出。

5.3.2 元宵节

元宵节，又称上元节、小正月、元夕或灯节，时间为每年农历正月十五，是中国的传统节日之一。元宵节主要有赏花灯、吃元宵、猜灯谜、放烟花等一系列传统民俗活动。此外，不少地方的元宵节还增加了游龙灯、舞狮子、踩高跷、划旱船、扭秧歌、打太平鼓等传统民俗表演。

明朝人喜欢鳌山灯会，元宵赏灯成了这个节日中大家热切期待并乐于参与的活动之一。此时，明制的比甲或者竖领比甲搭配马面裙都是不错的选择。

金丝翟髻
白色竖领
对襟短袄
绛纱灯
兔子灯
白色毛绒比甲
蓝色织金马面裙

5.3.3 清明节

清明节，又称踏青节、行清节、三月节、祭祖节等，节期位于仲春与暮春之交。清明节源自上古时代的祖先信仰与春祭礼俗，是中华民族最为隆重盛大的祭祖大节。清明节兼具自然与人文两大内涵，既具备自然的节气特征，也是具有丰富人文内涵的传统节日。扫墓祭祖与踏青郊游是清明节的两大礼俗主题，所以这里为大家搭配了两套装束，一套是唐代的打马球踏青的装束，一套是晚明时期祭祖的装束。

牡丹头
花色长比甲
橙色竖领长衫
汗巾
织金马面裙

5.3.4 端午节

端午节在每年农历五月初五，又称端阳节、龙舟节、重五节、天中节等，是集拜神祭祖、祈福辟邪、欢庆娱乐于一体的民俗大节。吃粽子，赛龙舟，插茱萸，做香囊都是这个节日的流行活动。

这次两套汉服造型都是青绿色调，有祛除“五毒”、迎接夏日的感觉。

5.3.5 中秋节

中秋节，又称祭月节、月光诞、月夕、秋节、仲秋节、拜月节、月娘节、月亮节、团圆节等，是中国民间传统节日。中秋节由上古时代秋夕祭月演变而来。中秋节自古便有祭月、赏月、吃月饼、看花灯、赏桂花、饮桂花酒等民俗，一直流传至今。中秋节赏菊花、拜月是必不可少的活动，因此，黄绿色调的汉服是不错的选择，还可以用不同款式和面料的比甲进行更多搭配。

不同的比甲
带来不同的效果
绿色竖领
对襟短袄
羊绒短比甲

云锦短比甲
宋锦短比甲
素纱马面裙

第6章

浅谈国风摄影

6.1

国风摄影的准备工作

国风摄影，顾名思义，就是用摄影的形式去表达国风的韵味。它主要分为内景国风摄影和外景国风摄影两大风格。内景国风摄影一般是在白棚或纯色棚的背景下进行，后期的时候制作成国风画卷的样式即可。此类摄影风格多依赖于后期制作，前期都在棚内完成，比较轻松。

外景国风摄影相对复杂，它需要摄影师到户外拍摄，往往受到天气、光线、地理位置和各种人为因素等不可抗力的影响。因此，摄影师需要对天气和预计的拍摄位置了然于心。

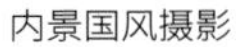

内景国风摄影

外景国风摄影

6.1.1 设定主题

国风摄影在拍摄之前，一定要先明确拍摄主题。主题可以根据天气、花草、神话故事，甚至古风歌曲来确定。例如，在秋季，枫叶和银杏都是不错的备选主题。那么，如何让摄影作品看起来不单调呢？比起单人拍摄，双人或多人拍摄可以使画面更生动。如果在拍摄时加入一些剧情，那么就会变得更加有趣了。

个人写真

多人剧情写真

闺蜜写真

婚服写真

闺蜜群像写真

6.1.2 让道具为摄影添彩

笛子

帔子

孔明灯

汉剑

莲花灯

油纸伞

书本

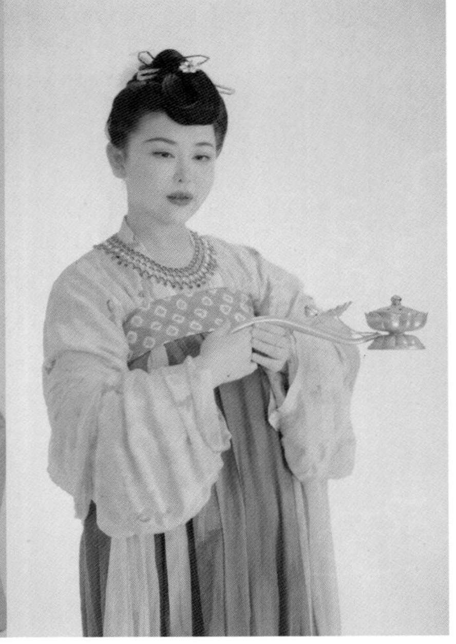

香炉

琵琶

长柄扇

手串

灯笼

绛纱灯

茶具

食盒

镜子

帏帽

鲜花

团扇

鲜花

6.2

摆姿

如何自然、不尴尬地拍摄一组好的国风照片呢？在拍摄前，一定要和摄影师充分沟通，敞开心扉地去聊自己的想法。镜头是摄影师的“第三只眼”，最终的拍摄效果取决于摄影师的拍摄视角。好的摄影师会在拍摄时提供一些必要的指导，但最了解你的人还是你自己。试着对着镜子去重新认识自己吧，比如练习一些拍摄的姿势。记住一定要怎么舒适怎么来，只有舒适的姿势才会看起来自然。

6.2.1 利用双手

双手是我们最方便的道具，用好双手为画面增添一些灵动吧。

6.2.2 双手配合道具

手持道具不仅可以缓解双手无处安放的尴尬，还可以使照片更有表现力。

6.2.3 仰头和低头

人在仰头时可以露出颈部优美的线条，因此仰头是一个展现脸部的轮廓的巧妙姿势。

低头垂眼的姿势能展现出一种悲伤的氛围。低头在视觉上还有瘦脸的效果。同时，垂眼可以更好地表现出内心的情绪。

6.2.4 大场景

一套国风摄影作品中，大场景的表现是不可或缺的。在拍摄大场景时，应格外注重整体的仪态，此时镜头不会聚焦于面部表情，模特可以自由地展现大幅度的动作。

沧海一瞬
人间尔尔

6.2.5 直面镜头

拍摄时也可以尝试直面镜头，尽量把镜头想象成你喜欢的小说里的主角，对他 / 她充分表现爱意与恨意、委屈与伤心，这一切就靠你面部的表情控制力了。

对着镜子多多练习，你需要充分克服面对镜头的恐惧。

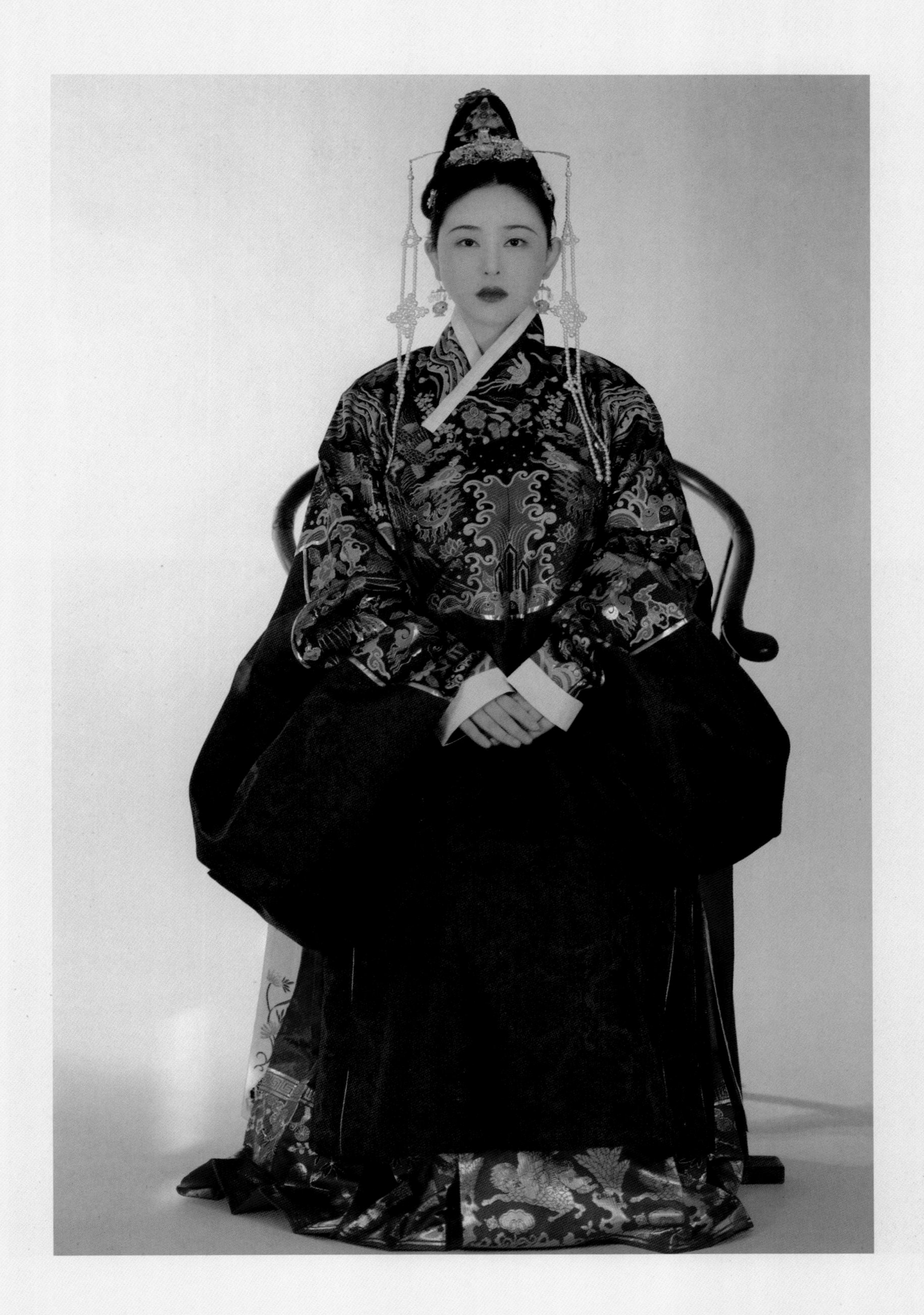

6.2.6 躺卧

侧躺或卧躺也是不错的拍照姿势。最好有花瓣或者其他叶子铺在地上。如果在水面，最好选择平躺的姿势。

6.2.7 背影

背影通常会给人一种神秘的感觉。一个背影，可以展现仪态万千之姿，也可以流露孤单萧索之情，还可以呈现云淡风轻之态，这些取决于你想表达的情绪深度。

6.2.8 动态姿势

汉服的上衣与裙子通常较为宽松，当穿着者旋转时，其飘逸的姿态能营造出一种仙气缭绕的视觉效果。此外，提着裙子奔跑，抖动裙摆或回眸一笑，类似这样的动作在镜头下会显得尤为自然生动，为拍摄效果增添了灵动与活力。

6.3

汉服摄影摆姿调整

汉服摄影的姿势与时装摄影不同，呆板地站得笔直并不能有效地凸显汉服的独特魅力。

◎书本

以书本为道具的时候，如果仅仅捧着书，会显得非常死板。可以利用翻开的书本和倾斜的身体来增加整体的古代感。

低头或者仰头，
单手执书配合身体的侧弯站姿，
看起来很像古代仕女。

错误示范

正确示范

◎香炉

香炉是仕女画中很常见的道具，但是要注意仕女是侧身端着香炉，而不是呆板地捧着。

侧身端着香炉时，手臂会自然地抬起，
在视觉上更具有古典美。

◎帏帽

帏帽在拍摄唐风造型时用得比较多，拍摄时可以把帏帽拿在手里或戴在头上。

僵硬地站立、拿着帽子会看起来较为呆板，
稍稍倾斜身体可以为画面平添几分温婉的感觉。

戴上帏帽后，你就是要出门的唐代少女，有一种含蓄的美感。如果把手举起，则会显得动作太多，反而丧失了含蓄感。

◎团扇

利用情景带入的方式让身体动起来。倾斜的身体能更充分地展示汉服的灵动之美。利用团扇，可以呈现更为优雅的姿态。

第7章

拍摄地点推荐

7.1 室外拍摄

如果不想去人山人海的景区，那么家附近的小公园也是一个不错的拍摄地。尽量选择周一到周五下午 4 点以后光线柔和的时候进行拍摄。如果连公园都不想去，那么小区的绿化带也是拍摄日常汉服的不错选择，下楼就能直接开拍。

每个城市都有一些地标性建筑，在这些地方进行拍摄很容易获得惊艳的照片，如巴黎的埃菲尔铁塔和凯旋门、杭州西湖的宝石山等。

城市里文艺且有特色的咖啡馆也是绝佳的汉服拍摄地。

实在不知道去哪里拍摄的时候，可以选择去“压马路”。当然，要在保证安全的前提下拍摄哦。以马路为背景的照片往往能给人一种热闹且充满活力的感觉。

7.2

室内拍摄

家中的白墙可以使模特在照片中更加突出。阳光通过窗帘形成的光影线条可以为画面增添层次感。

窗帘是室内软装里必不可少的要素。通过轻轻拉起窗帘的一角，摄影师可以巧妙地构建出一个独特且引人入胜的摄影视角。这一简单的动作不仅能够为摄影作品增添一份神秘感，还能有效地引导观众的视线，使画面更具层次感和深度。

屏风也是一件拍摄神器！例如，比较厚实的百宝嵌屏风可以作为拍摄背景，而比较清透的纱质屏风，可以放在模特前，营造一种特有的朦胧感。

拍摄时还可以借用绿植作为道具。植物本身具有很强的生命力，一张照片里面如果没有植物，整体的生命力会少很多。如果有植物的话，一定要尝试把它加到照片里来哦。

华 / 夏 / 潮 / 流

第 8 章

男士汉服穿搭建议

8.1

汉朝服饰

随着汉服文化的流行，穿汉服的男士也越来越多，男士汉服的搭配需求也逐渐出现。

汉朝男子可以穿着曲裾和直裾，头戴刘氏冠。

汉朝的贵族男子和官员都会佩戴长冠。长冠也称刘氏冠，用竹板制成，侧面以竹皮包裹，向后倾斜。刘氏冠原本是刘邦戴的，后来汉高帝八年，刘邦下诏规定，只有公乘以上爵位的人才可以佩戴刘氏冠。

东汉的第二位皇帝是汉明帝，他以《周官》《礼记》《尚书》等书籍描述的礼仪制度为基础，制定了详细的包括祭服、朝服在内的服饰等级制度。汉朝服饰等级制度的核心在于冕冠制度，皇帝祭服为冕服，朝服则采用深衣。自此深衣也成为汉朝最为流行的服饰之一。

汉朝流行的领型为交领，衣服前襟左右相交，所系衣服的衣襟向右掩（右衽），按照衣服的类型分为曲裾和直裾。

曲裾是一种十分传统的样式，早在战国时期就已经十分流行，当时被称为深衣。曲裾最大的特点是“续衽钩边”，衽指的是衣襟，钩边则是三角形衣襟的延伸部分。

我们每每提到汉朝女子的穿着，总说曲裾深衣，马王堆汉墓出土的女子服饰多为曲裾深衣。曲裾身幅较长，一般可达脚底，男女都可以穿，但男子穿曲裾一般是在西汉早期，后逐渐流行穿直裾。

直裾不同于曲裾，下摆部分剪裁垂直，衣裾通常放在身侧或侧后方，由腰带固定。因其较为美观，到东汉之后成为当时的流行款式。

汉朝男子和汉朝女性类似，也都会穿着较为宽大的单衣。单衣分为直裾单衣和曲裾单衣，平民男子可以穿，官员平日退朝闲处时也可以穿。深衣上下连体但没有内衬，所以穿着这件外袍单衣的时候，里面会穿着里衣。尽管这件外衣穿上后已经很帅气了，但是它并不能作为汉朝的礼服在正式场合穿着，真正的汉朝的礼服更加长且宽大飘逸。

魏晋服饰

十六国北朝时期，胡汉服饰文化交融，在北魏莫高窟第 257 窟就有一位身穿紫色长袍飘逸俊朗的贵族男子。紫色在中国古代象征着高贵与权势，不管在哪个历史时期，能身穿紫衣的大多都是贵族或者皇族。

敦煌石窟的壁画服饰有三种，一种是供养人服饰，这类服饰很好地展现了当时的衣着风貌，但多为礼服。第二种是经变画中的服饰，这类壁画故事涉及了社会的方方面面，会有民间服饰的存在。第三种是佛教人物服饰，以敦煌飞天为代表，这一类服饰更能体现出那个时期佛教的巨大影响。

这位紫衣贵族服饰则属于第一种。他的服饰更接近于东汉时期的直裾袍，广袖长袍也是礼服的一种。在穿这件长袍之前，需要先穿曲领中衣。曲领中衣早在汉朝就已经很流行了，魏晋时期也把这种风尚也沿袭了下来，《琅琊榜》中，胡歌饰演的梅长苏也曾多次穿着曲领中衣。宽衣博带是魏晋南北朝时期的流行服饰风格。上至王公名士，下至平民百姓，都以穿大袖宽衫为美。

8.3

唐朝服饰

和现代男子利落的短发造型不同，唐朝还是受“身体发肤受之父母”思想影响较为深刻的时期，所以那时的男性还都留着长发。但是披头散发似乎也不太礼貌，再加上古代人其实不会像我们现在这样经常洗头，如果披发去一些公共场合，似乎也并不太卫生。聪明的古人早想出一些不洗头的应对办法，一个是玉搔头，在头皮感觉瘙痒的时候用来挠头皮，还有一种叫作篦子，是一种用竹子制成的梳子，梳齿特别密集，可以起到清理头发的作用。唐朝成年男子怎么处理自己的头发呢？在儒家思想的影响下，唐代男子需要戴冠，这时就有了幞头。在唐朝，上至王公贵族，下至平民百姓都会戴它，幞头，也叫折上巾，是一块青黑色四方形的布帛，目的是盖住发髻，既耐脏，又能保护头发，同时还很清爽。

唐朝的幞头有两种，一种叫作软脚幞头，就是需要自己给自己扎，每天也可以扎成不同的样式，仪式感很足，但是扎得好不好就真的全凭手感了，有点像现在的一次性卷发。还有一种叫作硬脚幞头，这个就像现在的帽子，形状都是固定好的，直接戴就行。那会儿硬角幞头还是皇帝的专利。

袍衫是男子的外套，有时候他们还会在里面搭配一件半臂。

唐朝最流行的靴子是乌皮六合靴，它和翻领袍一样来自胡服。这类靴子一般是真皮缝制，轻巧、耐用，很适合打猎。平民百姓用不起真皮就用布料制作“平价版”乌皮六合靴。除此之外，还有麻鞋、藤鞋、草鞋等鞋子，很受欢迎，对了，日本的木屐也是那会儿从中国传入日本的。

8.4

宋朝服饰

8.4.1 大宋官员

宋朝的人当了官就有两套官服，一套是上班时穿的制服，叫做公服；还要有一套是盛大庆典如帝后庆寿、祭天地祖宗等场合穿的礼服，叫做朝服。这两套不能穿错，必须与最高统治者皇帝保持一致。

宋朝的官服分为朝服、祭服、公服、戎服等。朝服是朱衣朱裳，公服则依照颜色区分品级。三品以上用紫色，五品以上用朱色，七品以上用绿色，九品以上用青色。宋朝的官服上是没有任何图案和花纹，即便袍袖和下摆处，都没有二方连续图案滚边，表面只有一种颜色，这和明清时期流行的补子有明显不同。这可能是因为宋朝开始穿向极简的审美风格。

公服的样式为宋代的圆领袍，是宋代襕袍的一种，作为外衫穿着，内部还会穿上白色中单衣，有的人还会使用义领增加衣服的层次感。

到了宋朝元丰年间，公服用色发生了变化：四品以上使用紫色，六品以上用绯色，九品以上用绿色，其中穿着紫色与绯色公服的人需要佩戴金银装饰的鱼袋，以此区分职位高低。穿上圆领袍以后，还要配上革带和乌皮靴搭配。最重要的是要带上展脚幞头，这样大宋官员的造型就完成了。

8.4.2 宋朝常服

袍是一种长大衣，是宋朝男子最普遍穿着的服装之一，不论什么阶层都可以穿，但在使用者身份上有一定的规定，具体来说有官品者穿皂袍，无官者穿白袍，庶人布袍，皇帝穿龙袍，品种有窄袍、衫袍、靴袍、履袍、绛纱袍和赭袍等。三品以上官员穿“紫褶”，是一种紫色的袍服。绿袍为六至七品官所穿，布袍为平民百姓及隐士所穿。此外，仪仗卫士或武士则流行穿各种绣花袍，乐师穿紫宽袍。

右图模特穿的是青色圆领袍。北宋初年上承唐制，男女都流行穿方便的圆领窄袍。虽然圆领袍很早就出现了，但是被广泛穿着是在隋唐的时候。宋朝以后，圆领袍逐渐成为官员们的正式服装之一。到了明朝圆领袍配上补子，成为了分辨官位品级的最方便的方式。

宋代画家刘松年笔下文士的服饰宽大飘逸，武士的服饰更多为窄袖窄身的袍衫，这和他们的身份不同有着直接的关系。

8.5

明朝服饰

8.5.1 明朝公服

明朝官服大致可分为祭服、朝服、公服、常服等。祭服最为尊贵，只用于祭祀场合。公服用于早晚朝奏事、侍班、谢恩、见辞等场合。后来改为常朝时穿便服，只在初一、十五朝参时穿公服。明朝官员常服上出现了一种新的等级标志——补子。补子通常为方形，前胸和后背各一个，绣着以金线或彩丝织成的飞禽走兽纹样，这种衣服又称为“补服”。明朝规定文官的补子绣禽类，武官的补子则绣兽类，具体样式公、侯、伯及各个品级的官员各不相同。明朝的补服制度，一直延续到了清朝，是除了官服的颜色之外又一个区别官员品级的明显标志。

8.5.2 明朝常服

下朝后，官员会穿常服，其中最流行的是直裰。直裰是一种斜领大袖的长衫，后背的中缝直通最下端。直裰可以搭配着腰带穿，看起来很像道袍，也可以作为内搭，搭配明圆领袍或者披风。

圆领袍在初唐很流行，宋、明两朝对它进行了改良。明朝的圆领袍领子扁平，领口较大，内外襟不对称，重合部分较宽，不能翻领，款式上基本都是宽衣大袖。古装电视剧《锦心似玉》中，钟汉良饰演的徐令宜是一名武将，他的圆领袍比较贴身，方便他使用武器。儒生和文官大多穿着更宽阔飘逸的衣服。

8.5.3 明朝飞鱼服

明朝的飞鱼服是明朝特有的服饰，要知道飞鱼服是什么，就要先了解“飞鱼”是什么。

这里说的“飞鱼”，其实指的是一种长得更像龙、源于《山海经》的神兽，特征是“双足、四爪、两翼、鱼尾、龙头”。它翱翔在海水波纹之上，象征着天下太平。

所以飞鱼服，顾名思义，就是拥有飞鱼纹饰的衣服。严格意义上说，飞鱼服不是某一款衣服，而是一类衣服。任何款式的衣服，只要有飞鱼图案，就可以称为飞鱼服。

最初的飞鱼服，其实是一种皇室赐服，用来赏赐有功的大臣。除了飞鱼，还有斗牛服、蟒袍、麒麟服等。绣有这四种图案的衣服分别称为飞鱼服、斗牛服、麒麟服及蟒袍。它们不在当时的官服制度之内，而是属于皇上赏赐的赐服，等级非常高。区分这些脸和龙一样的神兽最简单的方法就是观察它们的爪子：龙为五趾，其他神兽为四趾。

五趾金龙的衣服只有皇帝才能穿。在上述四种图案的赐服中，蟒衣是最高等级，之后依次是飞鱼服、斗牛服和麒麟服。一般来说，能用作飞鱼服的服装款式，包括但不限于明圆领袍、明交领直身及曳撒等。

仙侠和日常服饰

仙侠服饰没有具体形制的要求，只要整体造型看起来唯美、优雅、仙气飘飘就可以。

改良后的道袍最适合日常穿着，不需要做特殊发型，直接一套就可以出门。如果想要参加汉服活动，只需再戴一个帽子即可完成造型。